LE FUTUR
PRÊT-À-PORTER

Catalogage avant publication de Bibliothèque et Archives nationales du Québec et Bibliothèque et Archives Canada

Sauvé, Mathieu-Robert

Le futur prêt-à-porter

Comprend des réf. bibliogr.

ISBN 978-2-89544-180-9

1. Prévision technologique. I. Titre.

T174.S28 2011 601'.12 C2011-940516-4

Les Éditions MultiMondes bénéficient du soutien financier du gouvernement du Québec par l'entremise du programme de crédit d'impôt pour l'édition de livres et de la Société de développement des entreprises culturelles du Québec (SODEC). L'éditeur remercie également le Conseil des arts du Canada de l'aide accordée à son programme de publication.

Financé par le gouvernement du Canada | Canada

Photo de la couverture : Linda Bucklin – iStockphoto

ISBN imprimé : 978-2-89544-180-9
ISBN PDF : 978-2-89544-431-2
ISBN ePub : 978-2-89544-983-6

Dépôt légal : 1er trimestre 2011
Bibliothèque et Archives nationales du Québec
Bibliothèque et Archives Canada

Diffusion/distribution au Canada :
Distribution HMH
1815, avenue De Lorimier
Montréal (Québec) H2K 3W6
www.distributionhmh.com

Diffusion/distribution en Europe :
GEODIF
1, rue Thénard
75005, Paris, France
geodif@eyrolles.com

Imprimé au Canada
www.multim.com

Mathieu-Robert Sauvé
Préface de Pierre Chastenay

LE FUTUR PRÊT-À-PORTER

Comment la science va changer nos vies

ÉDITIONS
MULTIMONDES

Du même auteur

Survivre ! La science de l'évolution en un clin d'œil, D'après les leçons de Jacques Brisson, Bernard Angers et François-Joseph Lapointe, Québec, MultiMondes, 2015.

Les États désunis du Canada, en collaboration avec Guylaine Maroist, 2014, Québec/Amérique.

L'amour peut-il rendre fou ? et autres questions scientifiques, en collaboration avec Dominique Nancy, Presses de l'Université de Montréal, 2014.

Dr Stanley Vollant, Mon chemin innu, MultiMondes, 2013.

Par-delà l'école machine, sous la direction de Marc Chevrier, Québec, MultiMondes, 2010.

Jos Montferrand, le géant des rivières, XYZ, 2007.

Échecs et mâles, Les Intouchables, 2005.

L'éthique et le fric, VLB, 2000.

Louis Hémon, le fou du lac, XYZ, 2000.

Le pays de tous les Québécois, sous la direction de Michel Sarra-Bournet, 1998, VLB.

Léo-Ernest Ouimet, l'homme aux grandes vues, XYZ, 1997.

Joseph Casavant, le facteur d'orgues romantique, XYZ, 1995.

Le Québec à l'âge ingrat, Boréal, 1993. Prix littéraire Desjardins 1994.

Hong Kong 1997 dans la gueule du Dragon rouge, de Jules Nadeau, collaboration, Québec/Amérique, 1990.

PRÉFACE

It's tough to make predictions, especially about the future.
Lawrence Peter Berra (1925-)

Lawrence Peter Berra, mieux connu sous le surnom de «Yogi», est un philosophe. L'homme de baseball, qui répétait que «ce n'est pas fini tant que ce n'est pas fini», qui vous indiquait qu'«une fois arrivé à l'intersection, il faut la prendre», ou qui recommandait à ses amis de ne jamais répondre à une lettre anonyme, est passé maître dans l'art de la formule-choc qui vous plonge dans des abîmes de réflexion. Alors, lorsque Yogi Berra nous assène que «le futur n'est plus ce qu'il était», il faut impérativement faire une pause. Et réfléchir…

Car à propos de l'avenir, l'histoire regorge de prédictions toutes plus farfelues les unes que les autres. Lord Kelvin (1824-1907), qui annonce qu'aucun engin plus lourd que l'air ne pourra jamais voler, ou le prix Nobel de physique de 1923, Robert A. Millikan (1868-1953), qui doute que l'humanité pourra un jour maîtriser l'énergie de l'atome, se retournent dans leur tombe aujourd'hui. En fait, le vacarme dans les cimetières doit être assourdissant, tant sont nombreux ceux et celles qui se sont fourré le doigt dans l'avenir jusqu'au coude… Mathieu-Robert Sauvé en donne quelques exemples de plus dans l'avant-propos de son livre *Le futur prêt-à-porter*, exemples qui devraient inciter à la plus grande prudence quiconque voudrait faire œuvre de futurologie. C'est à se demander qu'est-ce qui motive tant ceux et celles qui prétendent nous dire de quoi demain sera fait?

On dit souvent qu'il faut comprendre d'où l'on vient pour savoir où l'on va. Si cela est vrai pour les individus, ce l'est d'autant plus pour les sociétés. Mais avant de décider où l'on va, il faut aussi pouvoir tâter du pied le terrain sur lequel on s'apprête à s'aventurer. La glace pourrait être plus mince qu'on ne le croyait… C'est à ça que sert la futurologie : sonder tant bien que mal ce qui se trouve juste au-delà de l'horizon. Qu'il s'agisse de notre santé, de la nourriture dans notre assiette, des robots qui nous entourent déjà et deviendront de plus en plus omniprésents – jusque dans notre chambre à coucher ! –, de nos voyages, de nos loisirs, de notre mort à plus ou moins brève échéance et même de la fin du monde, il y a aux frontières de la science et de la technologie des percées qui nous indiquent déjà où le vent souffle. Reste à savoir si c'est bel et bien là que nous voulons aller, individuellement et collectivement. Car il n'y a rien de fataliste ni de prédéterminé dans l'avenir qui se dessine ; il n'y a que des choix, conscients ou non, que nous ferons ou pas.

Quelle différence, vous demanderez-vous alors, entre les élucubrations de grands savants et de commentateurs illuminés qui font sourire aujourd'hui et le travail de futurologie auquel s'est livré Mathieu-Robert Sauvé dans ces pages? La première a trait au métier qu'exerce l'auteur et à sa longue expérience. Journaliste scientifique depuis 23 années, il en a vu des percées technologiques et des découvertes scientifiques majeures, et la recherche de pointe dans tous les domaines de la connaissance humaine n'a plus de secret pour lui. C'est cette connaissance fine des frontières de la science et des technologies qui lui permet d'extrapoler vers un futur possible, même probable. Cette extrapolation prudente est l'autre facteur qui distingue le travail de Mathieu-Robert Sauvé. Loin de nous projeter dans un avenir de science-fiction dont on se gaussera dans un siècle (les voitures volantes et la société des loisirs avant la fin du 20e siècle, ça vous rappelle quelque chose?), il s'appuie au contraire sur une documentation solide pour étayer une vision de l'avenir proche qui, qu'elle nous réjouisse ou nous désole, n'en est pas moins plausible et intrigante.

Mark Twain (1853-1910), un autre philosophe qui maîtrisait l'art de la formule-choc, a écrit: «pour la majorité d'entre nous, le passé est un regret, le futur, une expérience». En parcourant cet ouvrage et en visitant le futur prêt-à-porter que l'auteur nous dévoile, je risque la prédiction suivante: la lecture de ce livre sera une expérience enrichissante que vous ne regretterez pas. L'avenir dira si j'ai raison…

Pierre Chastenay

TABLE DES MATIÈRES

Avant-propos
LIRE L'AVENIR

Les limites de la futurologie

« Une fusée ne pourra jamais quitter l'atmosphère terrestre», peut-on lire dans le *New York Times* en 1936. «Il n'y a pas de raison croire qu'un jour tout le monde voudra son ordinateur chez soi», prétend en 1977 Ken Olson, le fondateur de Digital Equipment. «Nos ordinateurs ne pourront jamais intégrer un système d'opération de 32 bits», croit quant à lui Bill Gates, créateur de Microsoft, bien avant de devenir l'un des hommes les plus riches de la planète grâce, justement, à l'amélioration constante de la performance des ordinateurs personnels.

On trouve sur Internet un site qui se consacre spécifiquement à répertorier les plus grandes prédictions technologiques déçues ou bafouées (http://listverse.com/), dont sont tirées ces affirmations. Il y en a des dizaines, toutes plus fantaisistes les unes que les autres. «Le cheval est là pour rester. L'automobile n'est qu'une mode passagère», dit le banquier de la Michigan Savings Bank annonçant à Henry Ford qu'il n'accordera pas de prêt à la Ford Motor Co. (1903). «Les machines volantes plus lourdes que l'air sont impossibles», affirme Lord Kelvin, mathématicien britannique, président de la British Royal Society en 1895. Il dira aussi, en 1897: «La radio n'a aucun avenir.» Et Charles Darwin, en introduction de son livre

L'origine des espèces, en 1869, écrit le plus sérieusement du monde: «Je ne vois pas ce qui pourrait offusquer les sensibilités religieuses dans les points de vue présentés dans ce livre.» Rappelons que l'ouvrage fondateur de la théorie de l'évolution continue d'être dénoncé en chaire par les créationnistes, fort nombreux en Occident, plus d'un siècle et demi plus tard.

De quoi aura l'air le monde dans 50 ou 100 ans? Les robots auront-ils envahi les maisons? La médecine personnalisée, voulant que votre comprimé d'un médicament soit composé différemment pour moi ou pour mon voisin, aura-t-elle livré ses promesses? Les villes et les banlieues d'Amérique du Nord seront-elles découpées de voies piétonnes et de circuits de transports durables? Irons-nous passer nos vacances dans un Club Med lunaire? Les hommes feront-ils l'amour avec des nymphes de silicone répondant à leurs caresses mieux encore que les humaines? Les nanotechnologies seront-elles la clé du développement du tiers-monde... ou une catastrophe écologique?

Tenter de prévoir cela est un défi pour l'imagination. Et la futurologie a ses limites. Je vois d'ici mes enfants se tordre de rire devant les prédictions ridicules ou les espoirs naïfs que suscitait la science du début du 21e siècle. Mais l'anticipation n'est pas qu'une fantaisie d'auteur de science-fiction ou l'arme des fondamentalistes brandissant la menace de la fin du monde. C'est un travail qui peut servir à construire un encadrement éthique ou à poser, dans les secteurs les plus risqués, le principe de précaution.

«L'histoire donne à l'avenir le moyen d'être pensé», disait Paul Valéry. Pourquoi ne pas réfléchir dès maintenant à ce que la science peut nous offrir? Alliée aux marchands, elle a tendance à placer le citoyen devant le fait accompli. Et l'éthique, trop souvent perçue par les chercheurs comme une tracasserie bureaucratique, doit orienter la conduite de ceux qui cherchent à comprendre le monde.

La méthode scientifique stimule la créativité et ses applications doivent confronter l'esprit critique. Elles doivent être au service du bien commun.

À travers 16 thèmes, ce livre présente le futur comme il apparaît en 2011. Certains sont excitants, d'autres cocasses ou préoccupants. Tous, certainement, méritent d'être « pensés ».

« NO FUTURE ! »

L'avenir ne fait plus rêver.

Quand on se projette dans le futur, des images apocalyptiques nous envahissent. L'avenir ne fait plus rêver. Ou c'est un cauchemar.

La planète de demain est polluée, étouffante, surpeuplée. Les animaux et les autres êtres vivants peinent à y trouver leur place. Les forêts sont dévastées, les pôles fondus, les océans sans poissons.

«No Future!», hurlaient les punks de Londres dans les années 1980. Ce cri a été repris par la littérature, la poésie, la musique, le théâtre. Au cinéma, des films d'anticipation comme *Independance Day*, *Dante's Peak*, *Deep Impact*, *Armageddon*, *2012* et d'autres nous montrent une planète dévastée, où des groupes humains constatent la fin du monde. Ils assistent à leur disparition et tentent, avec l'énergie du désespoir, une dernière opération de sauvetage.

Pourtant, les visions du futur ont longtemps été très positives. Depuis les débuts de l'humanité jusqu'à très récemment, l'espoir était au centre des discours. Les grandes idéologies forçaient l'idée des lendemains qui chantent, d'un monde meilleur. L'espoir a toujours été le combustible de la foi religieuse. Le futur est, pour le croyant, porteur du salut. « Le paradis à la fin de vos jours... »

Avec l'arrivée de la modernité, dans les années 1950, la vision occidentale du futur a continué d'être positive. Elle a même atteint des sommets, dopée par l'électrification des foyers, permettant la multiplication des appareils électroménagers : cuisinières, réfrigérateurs, fours à micro-ondes, grille-pain et lave-linge. La technologie, la démocratisation du savoir et l'enrichissement individuel ont repoussé les limites de l'optimisme collectif. Les années 1950 et le début de la décennie suivante seront l'âge d'or du positivisme mur à mur, du « jovialisme » institutionnel.

Longtemps, l'idée d'un futur positif fait l'unanimité. On a envie d'y croire et on y croit. Le Sahara sera un jardin. On colonisera la Lune. On circulera, l'année durant, dans des réseaux souterrains, sous-marins. Les villes seront idéales. On se déplacera en voiture volante personnelle. Les gens s'entraideront dans des agglomérations tout-confort. Ils pourront s'amuser, s'instruire, se divertir. La faim ? Problème réglé. Les chercheurs de la NASA sauront développer des produits de synthèse comprenant vitamines, protéines, lipides, glucides. Quelques pastilles suffiront. On aura tout notre temps pour profiter du présent. « En 10 ans, le problème de la faim dans le monde sera résolu », affirme en 1966 le *US World and News Report*.

Même les dévastations des bombes sur Hiroshima et Nagasaki ne ternissent pas le rêve d'une énergie nucléaire propre, abondante et universelle. Avec une pile grosse comme un fer à repasser, on va pouvoir chauffer nos maisons durant des décennies et se déplacer dans des mini-fusées rutilantes et efficaces stationnées à l'arrière ou sur le toit. Ford lance en 1958 la Nucleon : une voiture propulsée à l'énergie atomique. Wow ! Imaginez : faire 8000 km avec un « plein »... Ne la cherchez pas ; elle est restée à l'étape de la maquette. Mais on en trouve facilement les croquis sur Internet.

En 1957, on demande à 25 dirigeants d'entreprises d'imaginer la vie dans un quart de siècle. Le résultat est glissé dans une capsule enterrée. On l'ouvre 22 ans plus tard. Pour les répondants, l'avenir s'annonce rose bonbon: chaque maison a trois ou quatre automobiles, le chemin de fer est dominant partout en Occident. Une pilule corrige des problèmes de vision comme la myopie. Les voyages interplanétaires sont courants. La société des loisirs est acquise.

L'avenir n'est plus ce qu'il était (Québec/Amérique, 1993), de Michel Saint-Germain, est un amusant survol des grands idéaux qui se sont effondrés à la fin du 20e siècle. L'auteurle confirme durant un entretien: «Quand on pense à l'avenir dans les années 1950, on voit une vie "cool" que la science rend facile, épanouissante. Les humains du futur font des voyages intersidéraux, jouissent de la santé parfaite dans une société de liberté. L'égalité règne entre les peuples et il y a de la nourriture pour tout le monde. La paix universelle, la démocratie sont assurées.»

Même au plus sombre de la guerre froide, en 1959, l'Amérique aime croire que tout est possible, note Saint-Germain. «Portés par la formidable courbe de croissance de l'après-guerre, les années 60 baignaient dans l'euphorie de l'exploration spatiale, écrit-il. Encore sous l'influence des visions qu'ils avaient reçues au Futurama de leur enfance, les prophètes du jour promettaient un avenir contrôlé, accéléré, télécommandé, tubulaire et aérodynamique: l'ère de l'atome et de l'automatisation. Cette époque avait une devise: "Non, ce n'est pas de la science-fiction!"»

Aujourd'hui épuisé, ce livre est un répertoire des plus grands espoirs suscités par l'avènement de la science moderne. Prenons l'Enquête sur l'avenir, de la société américaine TRW. En 1966, la firme demande à 27 éminents scientifiques d'établir la liste des besoins et réalisations de l'humanité dans les 20 prochaines années. Parmi les 401 prédictions, on trouve les suivantes: «La première station lunaire habitée serait établie en 1977. Deux ans plus tard, une centrale nucléaire de 500 kW serait en fonction sur la Lune. En 1980, on inaugurerait les vols commerciaux en fusée. En 1990, des soldats-robots livreraient des batailles sur Terre. Les avions à décollage vertical allaient proliférer dès 1977 et, en 1990, la conduite automobile serait entièrement automatisée. Vers 1985, on prévoyait la construction en série de maisons modulaires en matière plastique. Inauguration, en 1977, de la télévision en relief, et en 1978 du journal télécopié. [...] En 1981, extraction de minerais et culture de denrées en mer. En 1990, une zone récréative sous-marine, alimentée par l'énergie nucléaire, serait en exploitation; cinq ans plus tard, ce serait au tour des usines et des motels.»

On parle aussi, pour l'an 2000, de l'usage généralisé de la cryogénisation – consistant à permettre aux gens d'hiberner pour une période de leur choix –, de plateformes volantes individuelles, de colonies sous la mer et évidemment des robots asservis aux moindres besoins des hommes.

Même si elles sont fantaisistes, ces visions témoignent d'un espoir indiscutable. On s'attend à ce que l'humanité continue ses explorations afin d'assurer son expansion au-delà de l'atmosphère terrestre... Même le pétrole apparaît comme l'élixir de toutes les promesses. L'auteur Arthur C. Clarke prédit que la population pourra se nourrir exclusivement d'aliments fabriqués à partir des protéines du pétrole. «Trois pour cent de la production mondiale de pétrole suffirait à nourrir tout le monde», calcule-t-il.

Même l'automobile sera, aux yeux d'Henry Ford, un instrument de paix. En permettant la mobilité des gens, les gouvernements renonceront à faire la guerre, prédit-il.

Cette utopie futuriste se heurtera à un mur à mesure qu'on approchera du tournant du millénaire. D'abord, ce sont les sceptiques qui se feront entendre, puis les réalistes. «L'Occident s'attendait à la fin des religions? Il se retrouve en compagnie d'un milliard de fervents musulmans et recèle en lui-même quelques milliers de sectes. On entrevoit la fin du communisme? La Chine représente encore 20% de l'humanité. La fin de la pauvreté? Le tiers-monde forme les trois quarts de la population mondiale. La peur d'un hypothétique holocauste nucléaire a fait place à la réalité crue des conflits nationaux», écrit Saint-Germain.

Dur lendemain de veille pour les futurologues. De plus en plus, l'avenir leur apparaît comme un chemin qui avance dans les ténèbres. Saint-Germain tente une explication: «Tant que l'avenir a été imaginé par des ingénieurs et des amateurs de technologie, il apparaît idéal. La femme n'y tient qu'un rôle de figuration.»

Il est vrai que dans les années 1950, on n'imagine pas encore la femme active sur le marché du travail. La société américaine est traditionnelle et patriarcale. Pour ceux qui expriment leurs idées de l'avenir, la femme demeure enfermée dans la cuisine. Elle prend soin des enfants et du foyer pendant que son mari emprunte le trottoir roulant pour aller au travail. Ils ne prévoient pas non plus que les énergies miraculeuses – inépuisables et propres, bien sûr – seront difficiles à trouver et que le pétrole prend des centaines de milliers, sinon des millions d'années à se former sous terre.

Les utopies futuristes négligeaient de tenir compte des réalités sociales et communautaires dans leurs équations. Erreur. «Déléguer la solution de problèmes sociaux à un outil technologique, c'est attribuer beaucoup d'intelligence à un simple marteau», écrit Saint-Germain.

Les hippies des années 1960 jettent les bases de l'écologisme que nous connaissons maintenant. Et le mouvement d'émancipation de la femme ébranlera encore plus l'utopie futuriste. Le facteur humain vient brouiller les cartes. La technologie ne peut plus tout régler. Au tournant du millénaire, écrit-il: «L'Occident ne rêve plus de conquérir l'espace mais de sauver la planète. L'économie se désagrège; [...] Le tiers de la population urbaine du monde vit dans des taudis et des bidonvilles; depuis 20 ans le nombre de personnes affamées a augmenté de 100 millions.»

Prudent, Saint-Germain se refuse à prédire 2100. Il n'est sûr que d'une chose: l'avenir nous surprendra. C'est sa seule prédiction.

Comme il l'écrit dans son livre: «L'histoire ne nous enseigne-t-elle pas de nous attendre à l'inattendu?»

ZOOM

Quelques prédictions et affirmations gênantes[1] :

- « La démocratie sera disparue en 1950 », John Langdon-Davies dans *A Short History of The Future*, 1936.
- « Ça prendra des années – en tout cas pas de mon vivant – avant qu'une femme devienne premier ministre. » Margaret Thatcher, 26 octobre 1969. Elle sera première ministre britannique de 1979 à 1990.
- « Qui diable veut entendre la voix des comédiens ? » HM Warner (cofondateur des Warner Brothers), 1927 (année du premier film parlant).
- « Les avions sont des jouets intéressants mais n'ont aucune valeur sur le plan militaire », maréchal Ferdinand Foch, 1904.
- « C'est une invention extraordinaire mais qui donc voudra l'utiliser ? » Le président américain Rutherford Hayes, après une démonstration du téléphone d'Alexander Graham Bell, 1876.
- « La télévision ne durera pas. Les gens se lasseront vite de passer la soirée devant une boîte de contreplaqué. » Darryl Zanuck, producteur de cinéma américain, 1946.
- « Vraiment intéressant Whittle, mon garçon, mais ça ne marchera jamais », dit le professeur d'aéronautique à l'Université Cambridge quand Frank Whittle lui présente les plans d'un réacteur d'avion, 1930.

1. « Top 87 Bad Predictions about the Future », http://www.2spare.com/item_50221.aspx

LES USINES À BÉBÉS

Quand la science s'approprie la fertilité.

Les bébés humains naîtront-ils toujours du ventre d'une femme? «Plusieurs experts croient que non», répond la sociologue Sylvie Martin, auteure d'une maîtrise sur l'utérus artificiel. D'ici 10 à 30 ans, prédit le biologiste français Henri Atlan dans son livre *U.A. Utérus artificiel*, paru au Seuil en 2005, les techniques de reproduction artificielle, combinées à la néonatalogie, seront suffisamment perfectionnées pour permettre la conception et la croissance d'un embryon jusqu'à la naissance du fœtus, tout cela *in vitro*.

«Cette possibilité scientifique représenterait une rupture anthropologique colossale. Pour la première fois de l'histoire de l'humanité, nous verrions le jour sans passer par le corps d'une femme. Nous serions le produit d'une machine», commente Mme Martin.

S'il faut à tout prix rejeter cette possibilité, selon l'étudiante qui a consacré deux ans d'études à ce sujet, d'autres pensent que l'utérus artificiel serait un atout supplémentaire pour les cliniques de fertilité, toujours à la recherche de solutions novatrices pour aider les couples infertiles.

Certaines techniques permettraient de sauver des bébés lorsque surviennent des complications en fin de grossesse. Une expérience a été menée au Japon par le professeur Uyoshinori Kuwabara en 1996 avec des fœtus de chèvres. Dans un petit incubateur, on a créé un milieu très semblable à l'utérus maternel, avec placenta, liquide amniotique, système d'alimentation et de vidange rappelant le cordon ombilical. Pendant trois semaines, des fœtus se sont développés dans ce milieu complètement artificiel.

Hung-Ching Liu, une chercheuse de l'Université Cornell, à New York, affirme haut et fort que l'objectif de ses travaux consiste à créer le premier utérus artificiel humain. À partir de l'endomètre féminin, elle a obtenu un tissu semblable à la paroi utérine qu'elle a déposé dans un liquide amniotique artificiel. L'embryon s'y est fixé sans encombre et a crû normalement. Mais les règles éthiques, aux États-Unis, limitent actuellement l'expérimentation sur l'embryon humain à une période de six jours. La chercheuse a dû suspendre l'expérience.

Si plusieurs sont choqués par cette possibilité théorique consistant à créer des humains en laboratoire, Sylvie Martin mentionne qu'elle a son lot de défenseurs. Le premier argument pour justifier l'idée de l'utérus artificiel est médical. En fin de grossesse, certaines complications pourraient être compensées par un incubateur capable de réunir des conditions optimales, ce qui serait bénéfique autant pour la mère que pour l'enfant à naître.

D'autre part, l'utérus artificiel éviterait le recours aux mères porteuses dont le statut juridique et éthique demeure controversé. De plus, un courant de pensée féministe voit en cette percée technoscientifique un pas de plus vers la libération de la femme. On cesserait de réduire celle-ci à ses fonctions reproductrices, permettant un rapport homme-femme plus égalitaire. Les femmes seraient en somme libérées de leur fonction procréatrice. Un rôle qui, indiscutablement, nuit à leurs activités professionnelles.

La sociologue ne partage pas ce point de vue: «Depuis les années 1950, la médecine de reproduction tend à contourner la nature. Je me demande bien d'où vient cette volonté de se débarrasser du corps de la femme. Comme si c'était une machine imparfaite.»

Quand les hommes sont entrés dans les chambres des naissances, c'était pour pratiquer des césariennes, une technique éprouvée en médecine vétérinaire. On voulait, d'abord, sauver les bébés condamnés par la mort de la mère. Par la suite, les techniques se sont raffinées au point de rendre possible, d'ici quelques décennies, le contournement complet de la matrice biologique.

La sociologue pense que des éléments impossibles à prendre en considération comme les liens affectifs liant la mère à l'enfant durant la gestation et au moment de la naissance échapperont toujours aux tenants de la ligne technoscientifique. «Quelle identité possédera l'enfant né d'une machine? Cela ouvre la porte à une redéfinition de l'être humain», dit-elle.

Peu de recherches longitudinales, sinon aucune, à sa connaissance, n'a porté sur la personnalité des personnes qui sont nées de la fécondation *in vitro* (FIV). C'est en juillet 1978, à l'hôpital d'Oldham, en Grande-Bretagne, que naît Louise Brown, le premier «bébé éprouvette» de l'histoire, c'est-à-dire conçu par fécondation *in vitro*. Ses parents auront également une deuxième fille conçue par FIV, Natalie.

Dans certains pays scandinaves, 2 à 3% des naissances sont le résultat de la procréation assistée. Chaque année, dans le monde, environ 100 000 bébés éprouvette voient le jour. Au total, cela donne quelque 3 millions de personnes. La ville de Madrid, en Espagne, compte 3 millions d'habitants. Imaginez une population complète qui doit sa vie à une intervention médicale…

Et on a vu récemment le cas troublant d'enfants nés dans des cliniques de fertilité, réalisant qu'ils avaient une soixantaine de frères et de sœurs en vertu de l'utilisation multiple d'un donneur de sperme particulièrement fertile... Comment peut-on accepter l'idée d'avoir 60 enfants?

La sociologue mentionne que des cliniques de fertilité offrent aux parents de préciser certaines caractéristiques de l'enfant sur commande, du choix du sexe à la couleur des yeux. Les considérations éthiques semblent avoir bien peu de prises devant les possibilités scientifiques qui sont offertes dans ces cliniques. Mais Sylvie Martin pense faire œuvre utile en réfléchissant sur le sens de ces phénomènes. Comme le souligne sa directrice de recherche, Céline Lafontaine, la question de l'utérus ne se pose pas en termes de «croyance». «Il s'agit d'un projet scientifique concret qui doit être questionné dans ses fondements», estime-t-elle.

ZOOM

- ✧ Au Québec, Céline Dion a beaucoup fait connaître les nouvelles techniques de reproduction. Son premier enfant, René-Charles, est né après six ans de tentatives de FIV aux États-Unis, et autant d'essais ont été nécessaires pour parvenir à la naissance des jumeaux du couple, en décembre 2010. L'animatrice Julie Snyder a aussi milité activement pour que l'État couvre les dépenses de ces interventions. Avec succès, puisque certaines FIV sont désormais remboursées par l'Assurance maladie du Québec.
- ✧ Parmi les services offerts en clinique, on trouve l'Intra cytoplasmic Sperm Injection, consistant à prendre les spermatozoïdes directement dans

les testicules pour les injecter dans l'ovule. Des femmes peuvent devenir mères sans avoir d'ovaires (on transfère le bagage génétique dans un ovule dont on a retiré le noyau). On peut même utiliser les gamètes de mères ou de pères morts : leurs embryons congelés seraient menés à terme. Le clonage humain serait une technique que certains croient inévitable d'ici la fin du 21e siècle. Il est déjà possible de manipuler les embryons pour créer des cellules souches ; on peut s'attendre à ce que le clonage progresse dans ce sens.

✧ En néonatalogie, on sauve de grands prématurés. Le record actuel : née à 22 semaines seulement, le 24 octobre 2006 à Miami, Amilia Taylor est le seul bébé connu ayant survécu à une si courte gestation. Elle mesurait 24,1 cm (à peine plus grand qu'un crayon) et pesait 284 grammes (moins que la moitié d'un demi-kilo de beurre).

✧ Le biologiste Jacques Testart (père du premier bébé éprouvette français, Amandine, née en 1982) estime que les NTR emprisonnent les gens dans la technologie. Quand on naît de FIV, on augmente ses risques de dépendre à son tour des cliniques de fertilité.

✧ Autre problème éthique : les embryons surnuméraires. Qu'en fait-on ? De la recherche ? Des médicaments ? Ce sont d'excellentes cellules souches capables de se transformer en foie, en peau... Mais ce sont aussi des humains « potentiels ».

WII-OUI ; LE SEXE DU FUTUR

Silicone, Viagrette et Orgasmotron

Elle est blonde, plantureuse et mesure 1 m 75. Lorsqu'on la caresse, elle émet des gémissements de plaisir. Elle est 100 % fidèle et n'est pas jalouse. Cette chérie-là ne prend jamais de poids, incarne la jeunesse éternelle et ne craint pas le syndrome prémenstruel. De plus, grâce au mot de passe personnalisé, elle ne répond qu'à son propriétaire...

C'est une poupée sexuelle haut de gamme, qu'on achète sur commande. Sa peau de silicone a une texture semblable à celle d'une humaine. Elle dispose de 100 capteurs le long du corps, dont 30 en zones érogènes, qui lui permettent de réagir aux stimuli.

On peut choisir la couleur de ses cheveux, de sa peau et de ses yeux, et même la taille de ses seins. En plus de ses trois orifices opérationnels – anal, vaginal et oral – elle a plusieurs têtes interchangeables. D'un seul clic, vous passez d'une Caucasienne à une Asiatique – il y a sept modèles.

Le site Dollstory.eu, qui se spécialise dans les « poupées réalistes », prétend qu'il n'y a rien comme ces nouveaux modèles grandeur nature pour servir ceux qui cherchent l'âme sœur. Les poupées ont un corps parfait – pourquoi se contenter de moins? – et se laissent approcher sept jours par semaine, 24 h par jour.

L'entreprise offre à une clientèle fortunée une femme de silicone sur mesure. La moins chère du catalogue est à 5900 euros, soit plus de 7000 $Can[1]. «Prenez le temps de sélectionner votre poupée en découvrant les différents visages et corps, ainsi que les multiples possibilités de personnalisation que nous vous proposons. De la couleur de peau à l'emplacement d'un grain de beauté, des milliers de combinaisons vous permettront de créer LA poupée en silicone que vous souhaitez», peut-on lire.

Un photographe, qui affirme apprécier ces objets pour leur esthétisme particulier, dit qu'il préfère une fausse femme en un morceau qu'une femme dont on réforme certaines parties, grâce à la chirurgie esthétique, pour correspondre aux canons de la beauté.

L'heure est aux automates soumis aux vieux fantasmes des machos: le corps parfait sans l'humaine qui l'habite.

La galerie de photos est troublante. On y voit des femmes en poses lascives, seins nus ou légèrement vêtues, prêtes à s'offrir. Mais elles sont de polymères...

En 2010, on peut encore sourire en regardant ces modèles, peu vraisemblables. Mais elles ne sont que la première génération des automates sexuels. Ajoutez-leur quelques interactions conçues par intelligence artificielle, et plusieurs s'y plairont tout à fait.

De nombreux futurologues l'affirment sans hésiter: bientôt les humains auront des relations sexuelles complètes et satisfaisantes avec des objets issus de la technologie. Certains préféreront cette sexualité virtuelle aux échanges avec des êtres de chair et d'os.

---

1. Chez Dollstory (www.dollstory.eu/), la poupée la moins chère valait 5900 euros en juin 2010, soit 7557$, taxes comprises. Livraison en sus.

Une sexualité différente

Réalité virtuelle, robots sexuels, combinaisons « haptiques » (qui retransmettent les caresses), médicaments rehaussant les performances ou la libido... La sexualité humaine sera-t-elle différente pour nos petits-enfants et leurs descendants? Sans aucun doute, répond le Britannique David Levy dans son livre intitulé *Love + Sex with Robots*[2]. Les androïdes « auront la capacité de tomber amoureux d'êtres humains et de se rendre romantiquement attirants et sexuellement désirables auprès des humains », prétend-il.

Auteur d'une thèse de doctorat, soutenue à l'Université de Maastricht en 2008, portant sur les rapports entre humains et robots, Levy croit que ceux-ci vont évoluer jusqu'à devenir des partenaires amoureux exceptionnels. Dès 2050, ce sera pratique courante. Il va jusqu'à prédire que le Massachussetts sera le premier État américain à légaliser le mariage humain-robot. Spécialiste de l'intelligence artificielle, Levy mentionne que les poupées sexuelles réalistes que l'on trouve au Japon, aux États-Unis et en Europe imiteront de mieux en mieux le corps humain dans les prochaines années. Pour en faire des « sexbots » convaincants, il ne leur manque qu'une interface informatique conviviale.

Même si la chose semble aujourd'hui un peu fantaisiste, sinon fantasmatique, une visite sur les sites les plus avant-gardistes permet d'entrevoir la chose avec réalisme.

Entendons-nous bien : l'ère de l'androïde sexuel 2,0 n'est pas encore commencée. Nous en sommes encore au mannequin de silicone incapable de se déplacer. Mais elles peuvent s'étendre, c'est déjà ça...

---

2. David Levy, *Love + Sex with Robots. The Evolution of Human-Robot Relationships*, Harper &Collins, 2007. Traduit en français chez Amazon : *Amour et sexualité chez les robots*, 2008.

Des questions éthiques s'élèvent. *Sexologie Magazine*[3] rapporte les propos de Ronald Arkin, professeur de robotique à Atlanta : faudra-t-il imaginer des robots enfants qui plairont aux pédophiles ? Va-t-on proposer des services sexuels robotisés au coin des rues pour remplacer la prostitution ? L'usage des robots sexuels fera-t-il diminuer les viols ? Qui décidera ? Est-ce du ressort de la loi ou peut-on s'en tenir à des déclarations d'intention ?

À ces questions, on peut en ajouter d'autres : le Vatican prendra-t-il position sur l'attitude à adopter pour les rapports sexuels avec des robots par des catholiques pratiquants ? Doit-on permettre à nos enfants pubères d'utiliser le robot sexuel de papa ? Une jeune fille dans la fleur de l'âge peut-elle vivre son initiation sexuelle sur un automate répondant à ses ordres ?

Médicaments du plaisir : on ne rit plus !

Avec ou sans robot, la science investit actuellement le champ sexuel. Elle a depuis longtemps mis les pieds dans la chambre à coucher et n'entend pas s'en retirer.

Sur le plan pharmaceutique, il y a un marché immense à occuper. Un marché en croissance en vertu de l'allongement de l'espérance de vie et du vieillissement de la population.

Avec des revenus annuels de 1,8 milliard $, Viagra est ce qu'on appelle un mégasuccès de la pharmacie. Il faut rappeler que le citrate de sildénafil, agent actif de l'érection, a été découvert par hasard en 1996 alors que les laboratoires Pfizer testaient un médicament contre l'angine de poitrine. Les bienfaits contre cette maladie cardiaque ne se sont pas confirmés mais on a porté l'attention sur les étranges effets secondaires ressentis par plusieurs volontaires lors des essais cliniques de phase 1.

---

3. http://www.sexologie-magazine.com/psychologie/Sexe&Robots.html

L'autorisation de mise sur le marché a été accordée en 1998 aux États-Unis et en 1999 en Europe. En vertu des lois sur les droits d'auteur, Pfizer touche une redevance sur tout comprimé de Viagra, et tant que la protection juridique tient, nul ne peut lancer un médicament similaire avant juin 2011. On peut donc s'attendre à voir arriver sur le marché des composés génériques comparables au Viagra... mais beaucoup moins chers. Dans quelques années, on trouvera ces médicaments et leurs dérivés très facilement. Même s'ils demeureront encore longtemps des médications sous prescription, leur accessibilité par les voies illégales sera accentuée.

Cinquième meilleur vendeur de la multinationale Pfizer, Viagra a enregistré en 2009 des profits de 1,8 milliard. Ce qui surprend, ici, c'est la rapidité avec laquelle ce produit s'est imposé. Longtemps seul de sa catégorie, et soutenu par une campagne de publicité mondiale, Viagra a occupé en pionnier le rayon très lucratif de la dysfonction érectile. Encore aujourd'hui, il demeure synonyme de lutte à l'impuissance.

Une nouvelle cible : la femme

Devant les succès du Viagra, on a pensé que le citrate de sildénafil pourrait agir également chez la femme. Après quelques essais, les chercheurs sérieux ont écarté cette hypothèse. Mais on ne désespère pas d'effectuer une percée sur la libido féminine. Un vaporisateur est sur la sellette. «Un petit pshitt et vous voilà transformée en bête de sexe», peut-on lire sur le site doctissimo.fr à propos d'une molécule testée chez l'animal, le PT 141. «Contrairement à la plupart des inducteurs d'érection déjà sur le marché, ce composé n'agirait pas au niveau de la sphère génitale mais plongerait au cœur du désir : l'hypothalamus.»

« Spéculation précoce », affirme le *British Medical Journal.* Aucune étude scientifique digne de ce nom ne permet d'affirmer, actuellement, qu'une dose de médicament augmente la libido des femmes. Même si des études ont été menées auprès de milliers de patientes, la pilule bleue qui a tant surpris les hommes n'a pas d'effet direct sur le désir de leur partenaire.

On croit beaucoup à la flibansérine, surnommée « Viagrette », l'une des molécules destinées à accroître la libido chez la femme, actuellement testées en clinique. Voilà bien où les chercheurs en pharmacie doivent se concentrer : dans le cerveau, principal organe sexuel. Bohringer mène actuellement des recherches sur 5 000 femmes aux États-Unis, en Europe et au Canada. Des sujets souffrant de « trouble du désir sexuel hypoactif », une maladie reconnue par le *Manuel diagnostique et statistique des troubles mentaux* (DSM 4), la bible des psychiatres. Si on craint des effets secondaires comme une hausse des problèmes d'hypertension, la pilule pourrait avoir des effets concluants.

L'éthicien Éric Racine mène différents travaux sur l'éthique de la recherche. Il note que de nombreux médicaments sont utilisés pour des raisons qui ne relèvent pas toujours du serment d'Hippocrate. « On a vu beaucoup de psychotropes être prescrits pour des fins qui ne sont pas celles pour lesquelles on les a mis sur le marché. Je pense aux drogues reconnues pour améliorer la performance, par exemple. »

On sait qu'un stimulant prescrit aux narcoleptiques est aujourd'hui très majoritairement administré aux voyageurs qui cherchent à éviter les effets du... décalage horaire.

Ce type de développement scientifique soulève d'importantes questions. Une société qui possède un système de santé public peut-elle accepter une médecine axée sur le plaisir? Mais le développement de la molécule peut s'appuyer sur un argument médical: après une chirurgie importante, le désir sexuel tombe parfois très bas. Ce phénomène peut causer des problèmes de couple: séparations, divorces, dépressions, etc. Une petite pilule et le désir renaît. Sans devenir des nymphomanes, les conjoints retrouvent une vie sexuelle active. Là encore, le marché est vaste. Des millions de couples sont concernés, estime la revue *Science et avenir*[4].

D'autres technologies pourraient surprendre. Par exemple, l'Américain Stuart Meloy a créé en 2001, involontairement, un dispositif permettant de générer des orgasmes en appuyant sur un bouton. L'anesthésiste spécialiste des traitements antidouleur avait placé sous la peau d'une patiente, près de la moelle épinière, des électrodes reliées à une télécommande. Lorsque le patient est allergique aux médicaments, on cherche différents moyens de contrôler la douleur, d'où l'usage de l'électricité.

Or, dès les premiers tests, la patiente a émis des gémissements qui ont plongé le médecin dans la perplexité. Non seulement la douleur était disparue, mais la patiente affirmait avoir des orgasmes à répétition.

Il n'en fallait pas plus pour que le médecin protège cette invention avec des brevets et y consacre des essais cliniques. Une des personnes s'étant prêtées à l'expérimentation, en 2003, déclarait au *Houston Telegraph* qu'elle avait joui pour la première fois depuis 10 ans grâce à cet appareil. «La méthode laisse sceptiques certains spécialistes, qui font valoir qu'un vibromasseur peut produire les mêmes résultats. Mais Meloy pense qu'elle pourrait servir à traiter certaines femmes qui ne parviennent pas à l'orgasme, et

4. Guy Hugnet, «La molécule du désir féminin», *Sciences et avenir*, février 2009, p. 50.

même certains hommes», rapporte *Le Courrier international*[5]. Seul problème: le coût. Environ 20000$ pour un appareil. Sans compter l'opération...

En tout cas, la «science du sexe» est en marche.

Certains n'ont pas peur de le dire: le meilleur est à venir...

ZOOM

- Des automates dans la chambre à coucher poseront des problèmes moraux inédits: est-ce commettre l'adultère que d'utiliser un automate en rentrant du bureau à l'insu de sa femme? Le prête-t-on à ses amis? À son fils?
- Autre gadget de l'ère d'Internet: la «Wiibrator». Une manette en forme de vibromasseur s'active en association avec des images. L'entreprise Pickaboo s'apprête, de son côté, à lancer un jeu de «danse poteau» calquée sur les danses érotiques. Ce dispositif serait «aussi efficace que Guitar Hero pour le rock and roll», dit la pub (Tecnaute, mai 2009). On trouve aussi, actuellement en vente, un vibrateur-téléphone portable de petite taille que madame insère dans son intimité. Il se met en marche lorsque votre partenaire sexuel compose le numéro. C'est ce qu'on appelle un appel érotique.

5. «Des volontaires pour un orgasme?», article tiré de *The Houston Chronicle*, *Courrier international*, 11 décembre 2003.

OÙ SONT LES ROBOTS ?

Les robots ménagers nous envahiront-ils (enfin) ?

Les robots humanoïdes feront-ils leur entrée dans nos maisons pour faire le ménage et amuser les enfants? Pas de sitôt, si on en croit Guy Gauthier, professeur à l'École de technologie supérieure. La station debout, qui a nécessité des milliers d'années d'évolution pour être maîtrisée par notre espèce, *Homo sapiens*, demeure un défi de taille pour les informaticiens et ingénieurs qui rêvent de côtoyer des androïdes. Il est extrêmement difficile de faire tenir un moteur surmonté d'un ordinateur sur deux tiges de métal... et de faire bouger tout ce système. Quand on y arrive, l'objet est une pâle imitation du modèle qui apprend sans peine à monter sur les meubles du salon dès l'âge d'un an. Le robot est gauche, hésitant... et constamment «bogué».

Si ce n'était que cela... La complexité du cerveau humain pose encore des problèmes quasi insurmontables lorsque vient le temps pour une machine d'exécuter une simple tâche. «La prise de décision fait appel à d'innombrables interconnexions neuronales. Même si la puissance des ordinateurs s'accroît sans cesse, on est loin du jour où on construira des machines capables de nous servir dans la vie quotidienne. Je ne crois pas connaître cela de mon vivant», dit M. Gauthier.

Le directeur du Laboratoire de robotique de l'École Polytechnique de Montréal, Lionel Birglen, nuance cet avis: «La robotique est déjà partout autour de nous; elle nous rend service sur les chaînes de montage autant que dans notre milieu domestique», lance-t-il. Oui, bien sûr, il y a les robots dans les usines... Ce sont des machines un peu plus efficaces que celles de la génération précédente, a-t-on envie de lui répondre. Non, il insiste: même notre environnement domestique se robotise.

La preuve? Le matin même de notre entretien, il s'est acheté un robot dans une quincaillerie. Un robot qui fait le ménage! Vérification faite, l'aspirateur robotisé Roomba, commercialisé par la firme américaine IRobot, est même en promotion cette semaine-là chez Canadian Tire; on le trouve à 350$.

Mais il ne s'agit pas d'un androïde. L'objet a plutôt l'air d'un gros Frisbee électronique. Convenablement programmé, il nettoie le salon pendant votre absence, sillonnant la pièce jusqu'à ce qu'il ait couvert toute la surface. On trouve l'équivalent pour l'entretien de la piscine et de la pelouse.

Et ça marche! Pendant que vous êtes au travail, l'aspirateur fait son travail tout seul. Ne reste plus qu'à vider le sac.

Reste que Roomba est l'une des rares applications domestiques de la robotisation. Pourtant, on espérait beaucoup de la domotique: de *domus* (maison) et robotique. Les lumières s'allumeraient toutes seules, les fenêtres s'ouvriraient, et le café se mettrait en marche aussitôt que vous mettez le pied hors du lit.

Bof! À part les minuteries de luminaires et le thermostat électronique, il faut bien admettre que la domotique déçoit.

Qu'est-ce qu'un robot, au fait? C'est un «appareil automatique capable d'effectuer certains travaux», pour prendre une définition simple (mediadico.com). Étymologiquement, le mot provient du tchèque *robota* où il signifie «esclave» ou «travail forcé». Selon le *Larousse*, c'est un «appareil automatique capable de manipuler des objets ou d'exécuter des opérations selon un programme fixe, modifiable ou adaptable».

L'auteur Isaac Asimov a énoncé les trois célèbres lois de la robotique, un terme qu'il a inventé: 1. Un robot ne peut porter atteinte à un être humain ni, restant passif, permettre qu'un être humain soit exposé au danger. 2. Un robot doit obéir aux ordres que lui donne un être humain, sauf si de tels ordres entrent en conflit avec la première loi. 3. Un robot doit protéger son existence tant que cette protection n'entre pas en conflit avec la première ou la deuxième loi.

La grande particularité du robot, c'est qu'il est capable de prendre des décisions sans en référer à un opérateur. Vu sous cet angle, les robots sont de plus en plus présents dans l'industrie. Ils ne paient pas de mine mais ils sont efficaces. Ils ont permis d'importants profits, ce qui réjouit les actionnaires. Mais ces machines ont fait disparaître de nombreux emplois dans le secteur manufacturier.

Renaissance du robot

Peu importe leur forme, les robots prendront sans doute de plus en plus de place avec le temps. Ils nous envahiront… enfin.

Selon la firme ABI Research, spécialisée dans l'analyse des tendances technologiques d'ici à 2015, les ventes de robots privés devraient quadrupler aux États-Unis pour atteindre cinq milliards de dollars. Parmi les plus populaires: les animaux de compagnie virtuels. Par exemple, le petit dinosaure Pleo apprend à marcher correctement en imitant son maître. Il traverse trois phases: la naissance, l'enfance et l'adolescence. Il est aussi capable d'exprimer des émotions: joyeux, vexé, honteux, étonné et effrayé. Mais après un bon départ en avril 2009, l'entreprise qui le commercialise, UGOBE, a fait faillite. Adieu Pleo!

Il y a aussi les animaux de compagnie virtuels. Très populaires au Japon, les tamagoshis (de *tamago*, «œuf», et *wachi*, du mot anglais *watch*) en sont à la sixième génération. On y simule les soins à donner à un animal: le nourrir, le laver et lui prodiguer différents soins. Une version récente permet la reproduction puisqu'un dispositif à infrarouge permet de télécharger un partenaire. Des robots qui se reproduisent...

Dans les usines, on trouve de plus en plus d'appareils robotisés capables de choisir entre différents outils ou matériaux pour assembler des pièces. Et ils peuvent répéter inlassablement des gestes, libérant ainsi les ouvriers d'opérations abrutissantes. Chez les militaires, certains appareils peuvent aider à espionner un site suspect ou à déminer une zone dangereuse. La Defense Advanced Research Projects Agency américaine travaille actuellement sur des véhicules comme celui qui explore la planète Mars. Grâce à ses composantes robotisées, il peut, de lui-même, choisir de quel côté contourner les obstacles.

Même les robots de forme humaine, grande utopie des fictions hollywoodiennes, sortent de l'ombre. Au Japon, la firme Honda a lancé en 2000 Asimo, un robot de recherche d'environ 1 m 30 capable de monter et de descendre l'escalier et d'effectuer certaines tâches. On a même vu sa plus récente version diriger l'Orchestre symphonique de Détroit au cours d'un concert bénéfice. Selon Wikipedia, Asimo peut «reconnaître des visages, comprendre la parole humaine, analyser son environnement, garder son équilibre sur des surfaces mouvantes, etc.»

Avec deux de mes fils, j'ai eu l'occasion de rencontrer «personnellement» ce robot humanoïde durant une de ses tournées promotionnelles, au Centre des sciences de Montréal, en 2003. L'auditoire était très impressioné par le phénomène. Émotion que je partageais entièrement. Le voir monter et descendre un escalier en maintenant son équilibre était émouvant. Ses gestes étaient réalistes.

Dans les vidéos rendus publics par Honda, on le voit accomplir différentes activités, dont servir des repas dans un restaurant. Les clientes le remercient – ce qui est étrange en soi; dites-vous merci à votre grille-pain, vous? Ces images insufflent une bonne dose de réalisme aux grands rêves du robot-valet.

Mais il faut voir également les séquences «non officielles», captées par des caméras personnelles et diffusées à l'insu des ingénieurs et relationnistes de Honda, à la suite d'événements publics qui ont mal tourné. Quand Asimo manque une marche ou lorsqu'il trébuche, il expose subitement sa vulnérabilité. L'appareil fonctionne dans des conditions étroitement balisées mais n'a aucune autonomie si celles-ci deviennent aléatoires.

Intelligence artificielle et robots dominants

Si on met de côté la forme humanoïde, il ne fait aucun doute que la robotique suscite des espoirs.

Dans le monde médical, les spécialistes pensent que la qualité de vie des personnes paralysées pourrait être améliorée grâce à la robotisation des prothèses. En chirurgie également, des possibilités techniques peuvent être appliquées. Il existe des «robots chirurgicaux téléopérés». Le chirurgien bénéficie d'une vision agrandie de l'organe. Les mouvements du chirurgien sont filtrés, réduits et transférés au robot esclave distant, qui réalise le geste chirurgical. [...] Au-delà de l'amélioration des robots médicaux invasifs actuels, des micro-robots permettront dans le futur de traiter des lésions sans ouvrir le patient[1].»

À Montréal, le robot da Vinci qui affine le travail chirurgical est entré dans les salles d'opération. Quatre bras articulés sont au service d'un seul chirurgien qui, du coup, voit ses gestes atteindre une précision inégalée. Le chirurgien Maurice Anidjar commente dans le communiqué émis par l'hôpital du Sacré-Cœur de Montréal: «La précision du geste est d'une finesse extraordinaire. Notre vision passe en trois dimensions et en haute définition. On peut même contrôler l'éventualité d'un tremblement, c'est vraiment un outil qui révolutionne nos manières de faire.»

La robotique se heurte aux limites de l'intelligence artificielle. Et celle-ci est loin d'avoir livré toutes ses promesses. Même les plus perfectionnés des robots n'arrivent pas à s'adapter aisément à un élément imprévu. L'androïde domestique qui dépose un café devant un humain demeure incapable de savoir si la tasse qu'il porte s'est cassée en cours de route. Même si les prouesses informatiques ne cessent d'impressionner, elles sont encore bien loin d'égaler l'intelligence humaine.

Cela peut sembler réconfortant. Des gens se sont penchés sur les effets éthiques complexes que pourrait susciter la cohabitation quotidienne avec des robots. Avec une pensée totalement autonome, il faudrait revoir tout notre système éthique, sinon juridique. Si un robot se détraque et commet un dégât ou un dommage, il n'est pas certain que le fabricant d'origine puisse être tenu responsable, prévient Ryan Calo, membre du Center for Internet and Society de l'Université Stanford. Il n'existe

1. Source: http://www.futura-sciences.com/fr/doc/t/medecine-1/d/la-robotique-appliquee-a-la-chirurgie_152/c3/221/p1/

pas, actuellement, de lois régissant spécifiquement les robots. Mais, «si un robot devient de plus en plus autonome et peut prendre lui-même des décisions, que se passera-t-il s'il n'exécute pas exactement les volontés de son propriétaire?», s'interroge George Bekey, chercheur en robotique et professeur émérite à l'University of Southern California. Il faut également réfléchir aux interactions homme/robot. «Il est nécessaire d'intégrer de l'éthique dans les systèmes», estime Ronald Arkin, chef du laboratoire de robots mobiles et professeur à la Georgia Tech et auteur d'un livre *Régir les comportements mortels chez les robots autonomes*. «Il ne s'agit pas seulement de fabriquer un système qui assiste quelqu'un. Il s'agit de fabriquer un système qui interagit avec quelqu'un d'une façon qui respecte sa dignité[2].»

Certains pensent que quelques années tout au plus nous séparent du jour où les capacités de l'intelligence artificielle égaleront puis surpasseront celles du cerveau. On appelle «singularité technologique» ce moment où les machines pourront engendrer d'autres machines. Ce sera l'heure de la pensée surhumaine. Né dans les années 1950, le concept s'appuie sur une projection de l'évolution des technologies informationnelles. Depuis l'invention des circuits imprimés, l'humanité n'a jamais cessé de perfectionner les méthodes de transmission ou de stockage de l'information. Si la tendance se maintient, ces intelligences artificielles généreront à leur tour de nouvelles formes de pensées. Et là, l'humanité sera même incapable de les comprendre.

Il faut admettre que les capacités techniques semblent progresser à un rythme constant depuis l'invention de l'électronique. S'il est vrai que la vitesse de calcul des

2. Association for the Advancement of Artificial Intelligence: http://www.aaai.org/home.html

ordinateurs double tous les deux ans (certains disent tous les six mois), alors il viendra bien un temps où les machines créeront leurs propres structures de pensées et leurs propres règles... L'humain sera alors loin derrière.

Mais, pour Lionel Birglen, il n'y a pas de raison de s'inquiéter : « Il ne faut pas avoir peur d'un génocide robotique, dit-il. Si l'intelligence artificielle connaît un essor, rien ne dit que les machines auront l'intention de contrôler l'humanité. Pourquoi les robots voudraient-ils nous massacrer ? »

ZOOM

- ✧ Selon Sony, « Les années 1980 ont été celles de l'ordinateur personnel, les années 1990 celles d'Internet. Les années 2000 seront celles du robot. » On attend toujours.
- ✧ Dans le domaine du transport, l'intelligence artificielle continue de susciter de l'espoir. L'Institut de robotique de la Carnegie Mellon University (Pennsylvanie) voit son financement augmenter de 48 % depuis l'an 2000 et d'autres, comme les instituts de technologie de Californie, Virginie et Géorgie, enregistrent des progressions annuelles de plus de 50 %. Ce mouvement est en grande partie lié à l'intérêt que porte l'armée américaine au développement de véhicules autonomes se déplaçant sur terre, sur mer ou dans l'air. À l'heure actuelle, la Defense Advanced Research Projects Agency soutient quelque 40 projets de recherche de ce type.

UN WEEK-END SUR LA LUNE

Sans pétrole, les transports ne seront plus les mêmes et on devra redessiner les villes.

Avec le retour sur Terre du premier touriste de l'espace d'origine canadienne, Guy Laliberté, après un séjour en apesanteur du 30 septembre au 11 octobre 2009, on peut se demander si les voyages en fusée deviendront un jour monnaie courante. «Je suis certain que je verrai ça de mon vivant ou alors ça voudra dire que je suis mort très jeune», lance à la blague Philippe Bergeron, 30 ans, fondateur d'Uniktourspace, la première agence au pays à se spécialiser dans les forfaits d'aventure hors de l'attraction terrestre. «Un trek sur Mars? Un voyage de noces sur la Lune? Un séjour en hôtel orbital? Le tourisme spatial n'est plus un rêve. Il existe déjà!» mentionne son site Web (www.uniktours/pace.com).

Appelé à commenter cette offre inhabituelle, M. Bergeron précise qu'aucun client n'a encore pris place à bord d'un engin nolisé par Uniktourspace. Mais son entreprise tient à être la mieux positionnée au Canada quand on permettra les vols commerciaux suborbitaux, une technologie bien éprouvée selon lui et un des vieux rêves des auteurs de science-fiction. «Le vol suborbital se fait beaucoup plus haut que les vols commerciaux. La pression de l'air, qui freine l'avion, n'a plus de prise. Actuellement, plusieurs milliers de mises à feu ont eu lieu sans le moindre incident, et une soixantaine de vols habités ont été réalisés. J'ai moi-même suivi un entraînement intensif de quatre jours aux États-Unis pour être fin prêt lorsqu'on permettra l'exploitation de l'espace. »

Un avion suborbital, propulsé comme une fusée, s'échappe en effet de l'attraction terrestre pour voler à 100 kilomètres d'altitude. C'est bien moins haut que l'orbite de la Station spatiale internationale (400 kilomètres), mais c'est près de 10 fois l'altitude des avions de ligne actuels. Dans un aéronef suborbital, on parcourrait la distance Montréal-Beijing en deux heures. Un vol qui peut en prendre facilement 15 dans un Boeing.

Le X-Prize, lancé en 1996 par la fondation du même nom, vise à récompenser d'une bourse de 10 millions de dollars le premier groupe qui pourra propulser une fusée habitée dans l'espace (à au moins 100 kilomètres) et répéter l'exploit une seconde fois dans un délai de 15 jours. On veut ainsi stimuler la création d'une industrie du tourisme spatial comme l'ont fait les mécènes du début de l'aviation, il y a un siècle.

Grâce à cette technologie, les séjours dans l'espace deviendront bientôt accessibles à une certaine clientèle fortunée et avide d'aventures. Ces séjours se « démocratiseront peu à peu, comme dans le cas des premiers vols commerciaux », selon Philippe Bergeron. Uniktourspace a commencé à établir une liste de clients prêts à payer le gros prix pour être du premier voyage suborbital.

Fin du pétrole ?

Cette technologie futuriste ne saurait faire oublier que, sur terre, les problèmes de combustible pourraient avoir transformé radicalement le monde du transport. « Nous vivons actuellement l'âge d'or de la voiture individuelle. Au cours des prochaines années, je dirais au maximum 30 ans, nous allons traverser une crise énergétique profonde à cause de la fin du pétrole disponible à profusion», indique Normand Mousseau, auteur des livres *Au bout du pétrole*[1] et *L'avenir du Québec passe par l'indépendance énergétique*[2] et animateur du blogue http://www.auboutdupetrole.ca/

Selon lui, les grandes réserves naturelles de pétrole auxquelles on peut avoir facilement accès sont presque toutes en décroissance de production. Celles qui restent sont trop profondément enfouies dans le sol ou encore existent sous une forme trop complexe pour être exploitées aux faibles coûts auxquels nous sommes habitués depuis près de 150 ans. Nous vivons donc les dernières années d'un combustible qui a fait la prospérité de l'Occident et sur lequel on a bâti une culture et un mode de vie. Et l'auto électrique? «Il est impensable de convertir 800 millions de voitures à l'électricité», répond-il. Quant à la propulsion à l'hydrogène, l'un des espoirs techniques de ce début de millénaire, elle ne sera probablement jamais viable énergétiquement.

Selon Normand Mousseau, qui est titulaire de la Chaire de recherche du Canada en physique numérique de matériaux complexes, le transport des personnes, dans un siècle, sera très différent de celui qu'on connaît aujourd'hui. On aura appris à se servir des ressources renouvelables pour nos déplacements et l'on utilisera aussi souvent que possible la technologie pour les éviter – par exemple, on tiendra systématiquement des rencontres

---

1. Normand Mousseau, *Au bout du pétrole*, Québec, Éditions MultiMondes, 2008.
2. Normand Mousseau, *L'avenir du Québec passe par l'indépendance énergétique*, Québec, Éditions MultiMondes, 2009.

virtuelles plutôt que de grands congrès internationaux. Les transports en commun ainsi que la marche et la bicyclette, avec ou sans assistance motorisée, seront plus que jamais à la mode.

«De deux choses l'une, fait observer le directeur de l'Institut d'urbanisme de l'Université de Montréal, Gérard Beaudet: ou l'on aura trouvé de nouvelles sources de propulsion pour nos voitures et celles-ci demeureront au centre de nos aménagements urbains, ou bien la voiture individuelle sera un concept révolu, auquel cas les grandes banlieues, particulièrement celles qui sont à plus de 30 kilomètres du centre-ville, seront abandonnées.»

Les ménages à deux voitures des lointaines périphéries auront vendu – à perte – leur maison et se seront rapprochés de leur lieu de travail. Une évolution peut-être pour les ennemis de l'auto, mais un dur coup pour l'économie.

Avant d'en arriver là, on peut penser que l'humanité aura su s'adapter. «On a le temps. Malheureusement, l'être humain a démontré dans le passé qu'il attendait souvent la catastrophe avant de mettre en œuvre des mesures préventives», commente l'urbaniste.

ZOOM

- ✧ Au moment de mettre ce livre sous presse, l'avion suborbital Lynx de XCOR a connu ses premiers essais. Une vidéo diffusée par l'entreprise américaine permet de se faire une idée du déroulement d'un vol[3]. On y voit le prototype mettre en marche son puissant réacteur qui lui permet de quitter l'atmosphère. Il a la forme d'un avion mais se déplace comme une fusée. Le Lynx a l'avantage de pouvoir décoller et atterrir de n'importe quelle piste d'aéroport international.
- ✧ Selon le *Wall Street Journal*[4], une guerre des prix fait déjà rage pour occuper le lucratif créneau des vols suborbitaux. Aux touristes qui veulent profiter de cette technologie de pointe, on offre déjà des billets de 100 000 $ pour deux à quatre minutes d'apesanteur. Le Lynx ne transporte qu'un seul passager à la fois mais un concurrent, le Virgin Galactic, peut en transporter six… pour des billets deux fois plus chers.

---

3. http://www.youtube.com/watch?v=3a-l1tb1rPg&feature=player_embedded
4. *Wall Street Journal*, 26 mars 2006. online.wsj.com/article/SB120649603238064447.html?mod=DAR

À CHACUN SA PILULE

Médecine personnalisée et iniquités mondiales

La « médecine personnalisée » va révolutionner la façon de traiter les maladies. On prescrira à des patients bien identifiés des médicaments dont on connaîtra précisément l'efficacité sur leur organisme, et on aura réduit considérablement, sinon éliminé, leurs effets secondaires. « Actuellement, on administre des médicaments à des patients chez qui ils ne procurent aucun effet bénéfique, dit le cardiologue Jean-Claude Tardif, chercheur réputé dans le domaine. Au contraire, ils sont même toxiques. Les effets néfastes des médicaments seraient la cinquième cause d'hospitalisation et de décès dans les hôpitaux nord-américains. Des médicaments mieux adaptés n'auraient pas ces conséquences. »

Au cours des 25 ans de carrière, le chercheur est convaincu qu'il verra des percées significatives dans ce domaine. Le Centre de pharmacogénomique Saucier-Beaulieu de l'Institut de cardiologie de Montréal, dirigé par le Dr Tardif, a obtenu plus de 80 millions en subventions et concours divers. « C'est en oncologie qu'on voit déjà cette approche donner des résultats concrets. Mais la cardiologie n'est pas loin derrière », estime-t-il.

Cette médecine de l'avenir s'appuiera sur nos connaissances en génomique; ce sera l'une des grandes retombées des connaissances acquises par le séquençage des quelque 20 000 gènes du génome humain. Avec un test génétique, explique le chercheur, on pourra dire rapidement si vous avez 15% ou 85% de chances de bien réagir au médicament X ou Y. «Actuellement, on doit s'en remettre à des études cliniques menées sur des grands groupes. Il faut procéder par essais et erreurs et changer la médication au besoin.»

La médecine personnalisée – le bon médicament au bon patient – en est encore à ses premiers balbutiements. Mais elle est utilisée par exemple chez les femmes atteintes d'un cancer du sein pour déterminer quelles sont celles qui réagiront bien au médicament Herceptin. C'est aussi le cas dans le traitement d'une forme de leucémie chronique.

À l'inverse, cette science peut permettre aux médecins d'éviter les problèmes découlant des effets secondaires. La warfarine, un anticoagulant largement utilisé pour prévenir la formation de caillots de sang, peut provoquer des pertes de conscience et même des thromboses mortelles. «Grâce à un test génétique, nous pourrons prédire quel médicament sera le plus approprié pour chaque personne», explique Jean-Claude Tardif.

Pour le journal *La Presse*, 2011 pourrait être «l'année de la médecine personnalisée», comme l'écrit Philippe Mercure dans un dossier sur les entreprises pharmaceutiques québécoises, publié le 27 décembre 2010. «Ce qui sera "in" au Québec en 2011 en sciences de la vie? La médecine personnalisée, disent en chœur Michelle Savoie, de Montréal InVivo, et Mélanie Bourassa Forcier, de l'Université de Sherbrooke. Mme Savoie souligne qu'avec Génome Canada et Génome Québec, le Québec possède une expertise mondiale en pharmacogénomique, cette science qui cherche à produire des médicaments intelligents administrés selon le profil génétique des patients. Pour Mme Bourassa Forcier, c'est «le domaine qu'on va vraiment exploiter en 2011. Il a la possibilité de vraiment régénérer notre industrie».

Selon une enquête réalisée en France en 2005, la moitié des événements indésirables graves seraient causés par des erreurs médicamenteuses. Cela se traduirait par 140000 hospitalisations et 13000 décès avérés. «En ciblant mieux les patients, la médecine personnalisée pourrait éviter une bonne partie de ces complications», commente le Dr Tardif.

Tous ne partagent pas l'enthousiasme du médecin. Dans un doctorat déposé au Département de médecine sociale et préventive de l'Université de Montréal, Marianne Dion-Labrie exprime des réserves sur le plan éthique. «On se réjouit des avancées médicales qui permettront de mieux traiter de nombreux patients. Mais on craint l'exclusion des gens qui ont un profil peu commun. Ils se retrouveront "orphelins" car les compagnies pharmaceutiques ne s'intéresseront pas aux maladies marginales.»

Pire encore, l'utilisation de médicaments spécifiques pour une communauté culturelle pourrait renforcer la notion biologique de la race. «L'idée d'utiliser des catégories basées sur la race et les caractéristiques génétiques est d'ailleurs très controversée en pharmacogénomique», dit l'étudiante.

Mme Dion-Labrie met en doute l'utilisation même du terme de médecine «personnalisée» qui laisse entendre que chaque personne aura son comprimé composé selon son profil génétique propre. «En réalité, la médication sera plus ciblée mais s'appuiera sur des essais réalisés auprès de groupes correspondant à certains profils génétiques. Or, on craint que les phénotypes plus rares soient abandonnés à leur sort.»

Une autre doctorante, Catherine Olivier, rappelle qu'environ 90% des médicaments produits aujourd'hui profitent à seulement 10% de la population mondiale. Cette population est concentrée, bien entendu, dans les pays riches. Elle se demande pourquoi on met au point des médicaments pour traiter la dysfonction érectile alors que de banales infections sévissant au Sud déciment des populations.

L'espérance de vie dans les pays développés est plus élevée de près de 50 ans que celle qui prévaut dans les pays les plus pauvres, rappelle-t-elle. En octobre 2008, dans le cadre des Journées mondiales de la bioéthique, elle en appelait à l'imposition d'«une responsabilité sociale des compagnies pharmaceutiques».

Chose certaine, la médecine personnalisée suscite un engouement extraordinaire chez les chercheurs et les compagnies pharmaceutiques car les uns ont l'enthousiasme, les autres, les moyens financiers.

ZOOM

- Dans 100 ans, les enfants recevront dès leur naissance une carte de leur profil génétique. Cette information leur permettra de savoir d'avance quels médicaments ne leur seront d'aucune utilité, et lesquels pourraient leur sauver la vie.
- En offrant la thérapie la plus appropriée à chaque patient et en diminuant les effets secondaires, la médecine personnalisée permettra de réduire les coûts des systèmes de santé. C'est ce que croit Edwards Abrahams, président de la Coalition de médecine personnalisée, un groupe américain d'experts, de passage à Montréal en 2010 à l'occasion du Forum économique international des Amériques. Le mauvais usage des médicaments serait à l'origine d'environ 100 000 décès aux États-Unis chaque année[1].
- Certains éthiciens déplorent que la médecine personnalisée rende la médecine encore plus « scientifique » qu'actuellement. Beaucoup de facteurs peuvent aider les gens à retrouver la santé, et pas seulement les médicaments. Le meilleur remède contre l'embonpoint et les maladies cardiovasculaires est à la portée de toutes les bourses et s'applique à tous les phénotypes : c'est l'exercice quotidien…

---

1. Pauline Gravel, « La médecine personnalisée réduirait les coûts en santé », *Le Devoir*, 12 juin 2010.

MANGEZ ET SOIGNEZ EN PAIX !

Les nutraceutiques allient nourriture et médicaments.

On « n'ira pas voir un herboriste pour un bras cassé, mais les nutraceutiques vont remplacer les médicaments chez un nombre grandissant de personnes aux prises avec des maladies chroniques», pense le pharmacologue Pierre Haddad. À son avis, les nutraceutiques (qu'on appelle aussi, en France, alicaments ou aliments fonctionnels) sont la pharmacie de demain.

Un nutraceutique combine la notion d'aliment et de médicament. Il soulage, prévient ou guérit tout en nourrissant. Par exemple, les œufs enrichis en oméga-3, certains yogourts intégrant des probiotiques, le jus d'orange additionné de calcium.

Certains petits fruits seraient des nutraceutiques naturels. Le jus de canneberge, par exemple, a des effets bénéfiques sur la prévention des infections urinaires. Les fraises, haricots et mûres sont riches en antioxydants, reconnus pour leur effet sur la prévention des maladies vasculaires et neuro-dégénératives. L'allicine, principe actif de l'ail, faciliterait la respiration chez les asthmatiques grâce à ses propriétés mucolytiques (permettant de fluidifier le mucus) et mucocynétiques (permettant d'expectorer le mucus).

Le professeur Haddad a contribué à ce nouveau champ de recherche en documentant l'effet du jus de bleuet sur le diabète et l'obésité. En septembre 2009, avec des collègues, il a publié dans *International Journal of Obesity* le résultat d'une étude sur un dérivé du petit fruit qui fait la fierté du Saguenay–Lac-Saint-Jean : le bleuet. L'ajout de jus de bleuet biotransformé à l'eau des souris sujettes à l'obésité, à l'insulinorésistance, au diabète et à l'hypertension, a entraîné une réduction de la quantité d'aliments ingérés et du poids corporel. « Ces souris constituaient un excellent modèle, dont les réactions sont très proches de celles des humains », affirme le professeur Haddad.

De plus en plus convaincu des bienfaits des nutraceutiques, il a intégré du psyllium dans sa propre diète pour réduire son cholestérol lorsqu'un examen de routine, il y a deux ans, a révélé une augmentation inquiétante de son taux. Posologie : deux cuillerées à thé de cette fibre microscopique dans son jus d'orange, chaque matin, combiné avec de l'exercice et une meilleure alimentation. Ça a marché. « On m'avait donné deux mois pour abaisser mon taux de mauvais cholestérol, sinon le médecin me prescrivait des statines. Même si je suis pharmacologue, je ne veux pas de ces médicaments. »

Aliments et ADN

Une prise de sang à l'entrée d'un supermarché du futur. Cela suffirait pour tracer l'analyse de votre code génétique. Une voix électronique vous suggèrerait une section où vous aurez accès à des légumes et des viandes choisies sur mesure en fonction de votre groupe phénotypique. Bruce Holub, professeur de biologie humaine et de nutrition à l'Université de Guelph, en Ontario, décrivait ainsi l'évolution du monde de la nutrition au quotidien

La Presse en 2005. Selon lui, l'avenir est à la prévention des maladies chroniques grâce aux nutraceutiques. Encore faut-il bien connaître les variations de ces produits sur les patients, car ils n'ont pas tous le même effet.

« Ce champ novateur s'appelle la nutragénomique et est en pleine expansion », mentionne Pierre Paquin, professeur de science et technologie alimentaire à l'Université Laval et fondateur de l'Institut des nutraceutiques et des aliments fonctionnels (INAF), né au tournant du millénaire. Regroupant une soixantaine de chercheurs (dont le professeur Haddad), l'INAF possède des laboratoires destinés aux études cliniques chez l'humain. Les recherches s'y succèdent à grande vitesse. En trois ans, on y a mené des dizaines d'études auprès de groupes atteignant jusqu'à 60 sujets.

C'est ici qu'on a obtenu certaines données scientifiquement valides sur les effets bénéfiques du jus de canneberge comme mode de prévention des infections urinaires, explique M. Paquin. « Votre voisin de bureau mange de la viande chaque jour et n'a aucun problème, alors que vous avez un taux alarmant de cholestérol à 45 ans? C'est à cause de votre profil génétique. Un jour, on vous offrira une diète en conséquence. »

Pour lui, la nutraceutique est un secteur permettant un juste retour des choses dans le cycle naturel. Les médicaments aujourd'hui synthétisés en laboratoire sous forme chimique ne proviennent-ils pas de molécules naturelles?

« L'aliment est ton premier médicament! », disait d'ailleurs Hippocrate (460-370 avant notre ère). Tout cela semble lui donner raison.

En tout cas, c'est une affaire de gros sous. La demande canadienne de produits nutraceutiques oscillerait actuellement entre un et deux milliards de dollars. La valeur de la production agricole associée à l'offre d'ingrédients alimentaires fonctionnels s'établirait à une somme estimée entre 300 millions et un milliard de dollars.

Cela dit, la nutrition est régulièrement atteinte de modes passagères. En 1970, on a vu arriver la «nouvelle cuisine» où les assiettes présentaient des quantités minimalistes, question de limiter les calories. Dans les années 1980, on a connu la vague des produits allégés. C'était l'époque des crèmes glacées sans gras (ni goût), du sucre sans sucre... À partir de l'an 2000, l'aliment se fait médicament. «Ce n'est pas par hasard que l'industrie agroalimentaire s'y montre si vivement intéressée. Il y a beaucoup d'argent à faire», souligne Pierre Haddad.

Les allégations concernant la nutrition et la santé sont soumises à des règles très strictes. Il est interdit d'apposer sur l'étiquette toute mention ou allégation faisant état de propriétés de prévention, de traitement ou de guérison d'une maladie humaine ou évoquant ces propriétés. Malgré cela, c'est beaucoup plus facile de mettre en marché un alicament qu'un médicament. C'est pourquoi les compagnies pharmaceutiques lorgnent de ce côté pour développer de nouveaux marchés.

Mais il ne faut pas aller trop vite car les promesses des entreprises pourraient décevoir. En quelques clics, vous pouvez obtenir auprès de la firme américaine Dnadiet, pour la somme de 150 $, une synthèse de votre profil nutrigénomique et une liste personnalisée d'aliments que vous devriez consommer. Cette entreprise, basée en Californie, affirme s'appuyer sur les plus récentes découvertes en nutrition et en génétique. Si vos parents ou vous-même avez souffert de maladies cardiovasculaires, d'ostéoporose, de diabète de type 2 ou de cancer, vous avez intérêt à connaître votre «identité moléculaire», peut-on lire sur le site.

Ce genre d'approche est dénoncée par les éthiciens Béatrice Godard et Thierry Hurlimann qui ont lancé en 2008 une vaste recherche sur l'éthique des sciences dites «omiques» et, en particulier, la pharmacogénomique, la nutrigénomique et l'agrigénomique. «La nutrigénomique n'en est qu'à ses balbutiements, fait observer M. Hurlimann en entrevue. Si le concept est scientifiquement solide, il y a actuellement très peu d'exemples qui nous permettent d'expliquer clairement et de manière scientifiquement valide les liens entre le génotype, l'apparition de maladies multifactorielles et la nutrition.»

Dans ses travaux, le groupe de recherche a examiné plus de 200 articles scientifiques et n'a rien trouvé permettant de déclarer qu'un aliment consommé régulièrement aurait un effet curatif sur telle ou telle affection. «En ce moment, nous observons un fossé énorme entre l'offre commerciale et la prudence des chercheurs. Ceux-ci répètent que l'analyse de leurs résultats doit être nuancée et appuyée par des études supplémentaires...», souligne Mme Godard.

Pourtant, des sites comme Dnadiet prétendent pouvoir établir ce qu'un individu devrait manger ou éviter de manger pour prévenir l'apparition d'affections chroniques telles que le cancer, le diabète ou les maladies cardiovasculaires.

Alors que la pharmacogénomique cible certaines populations et a donné lieu à de multiples recherches cliniques, la nutrigénomique a devant elle un marché presque illimité de gens malades... mais aussi en parfaite santé. Les entreprises qui occupent ce terrain proposent en effet aux individus de consommer leurs produits à des fins préventives. Les vitamines et nutriments qu'on leur prescrira leur garantiraient même la santé, voire la vitalité et la longévité...

En 2006, rapporte Thierry Hurlimann, un comité spécial du Sénat américain s'est penché sur la vente directe de tests nutrigénétiques. Il a déploré l'absence de conseils avisés au consommateur et d'agrément de certains laboratoires, les risques d'erreur dans les résultats d'analyse et surtout l'absence de preuves scientifiques quant à la validité des tests offerts. Le comité a aussi insisté sur la portée douteuse, voire dangereuse pour la santé, de recommandations nutritionnelles formulées sur la base des résultats génétiques personnels des clients, particulièrement lorsque ces recommandations incitaient les clients à acheter des suppléments alimentaires, onéreux et même potentiellement dangereux.

Dans un article paru dans *Current Pharmacogenomics and Personalized Medicine*[1], ils signalent que «l'approche essentiellement commerciale, axée sur les individus, est loin de favoriser la santé globale, la justice sociale et l'équité».

D'ailleurs, ce serait là un des talons d'Achille de la nutrigénomique : on l'imagine mal servir les pays en développement. Cette nouvelle science «ne permettra jamais de subvenir aux besoins urgents et fondamentaux en nutrition», estiment les auteurs en conclusion. Toutefois, ils précisent que la nutrigénomique est susceptible de démontrer à quel point les besoins nutritionnels non comblés dans les pays pauvres pourraient porter atteinte à l'intégrité du génome humain «pour des populations entières et leurs descendants».

1. Godard B. et Hurlimann T., «Nutrigenomics for Global Health: Ethical Challenges for Undeserved Populations», *Current Pharmacogenomics and Personalized Medicine*, vol. 7, n° 3, 2009.

En d'autres termes, pendant qu'une partie du monde recherche la santé par des aliments déterminés selon leurs besoins particuliers dans les marchés d'alimentation, l'autre continue de crier famine[2].

ZOOM

- Selon Agriculture et Agroalimentaire Canada, 300 entreprises canadiennes ont démontré un intérêt pour l'industrie des produits nutraceutiques[3].
- Flax Consortium (graines de lin); Bioriginal (huiles-santé); les Fermes Burnbrae (œufs enrichis d'oméga-3). Ces aliments fonctionnels sont vendus au Canada à un prix beaucoup plus élevé que celui des produits standards. Comment on obtient des œufs enrichis d'acides gras qu'on retrouve plus souvent à l'état naturel dans le poisson gras? En incorporant de nouveaux ingrédients comme des graines de lin à la nourriture donnée aux poules.
- Depuis 2006, plus de 142 études ont démontré les effets positifs d'une alimentation riche en oméga-3 dans l'amélioration de la santé générale (baisse de l'hypertension, amélioration cognitive...) et dans la santé cardiovasculaire en particulier.

2. Mathieu-Robert Sauvé, «Nutrigénomique: appel à la prudence!», journal *Forum*, 11 avril 2010.
3. Source: «Aliments fonctionnels et produits nutraceutiques», agr.gc.ca/

PARTIR GAGNANT

Les généticiens rafleront toutes les médailles olympiques.

Les records sont faits pour être battus. On le constate aux Jeux olympiques où de nouvelles marques sont abaissées presque chaque jour en natation, patinage de vitesse, ski alpin ou bobsleigh. Au marathon, on croyait jadis impossible de courir les 42,2 km sous les 2h30. Le record actuel est de 2h02 et on pourrait fracasser les 2h dès les prochains Jeux.

De quoi auront l'air les Jeux olympiques de 2060? «Il y aura fort probablement de nouvelles disciplines qu'on ne connaît pas encore et peut-être même une catégorie «cyborg» qui opposera des superathlètes entre eux et contre laquelle les humains normaux n'auront aucune chance», dit, à moitié sérieux, Paul Foisy, un amateur d'histoire du sport qui tient un blogue sur le sport et la société (sportetsociete.blogspot.com/).

Pour Suzanne Laberge, sociologue du sport au Département de kinésiologie de l'Université de Montréal, on peut déjà craindre les effets du «dopage génétique». Il s'agit des améliorations physiologiques apportées à certains compétiteurs grâce au génie génétique.

Deux possibilités. La première est la thérapie génique. «On parle ici de vous injecter, disons, les gènes de sprinter d'un Bruny Surin», donne-t-elle pour exemple. Mais elle tient à préciser que la technique qui rendrait la chose possible n'est pas encore au point. La route vers cette technique est parsemée d'obstacles, ce qui fait que la thérapie génique pourrait prendre beaucoup de temps avant de voir le jour.

Un autre phénomène, lui aussi lié au génie génétique, est toutefois déjà applicable et a pour nom la «sélection génétique des athlètes». Votre nourrisson a-t-il un profil de marathonien ou de sprinter? Avec un frottis buccal, on peut déjà vous le dire puisque des chercheurs américains ont identifié au cours des dernières années certains gènes liés à la performance. Le gène de conversion de l'angiotensine (ou *ACE gene* pour *Angiotensin-converting enzyme*) est fréquemment présent chez des athlètes de haut niveau. Si votre enfant l'a, l'équipe nationale pourrait l'encadrer, le soutenir, lui trouver un bon entraîneur, un nutritionniste, etc. Il serait suivi dès le berceau et pourrait ainsi mettre à profit sa prédisposition. Cela ne lui garantit pas la victoire mais il part gagnant.

On peut pousser la chose plus loin et sélectionner des athlètes avant leur naissance. De la même façon qu'on sélectionne des embryons dans le cadre d'une fécondation *in vitro* pour ne garder que ceux qui sont exempts de maladies génétiques connues, on privilégiera des caractéristiques «gagnantes». En laboratoire, on a amélioré de façon spectaculaire les performances de souris coureuses en les sélectionnant de cette façon.

«Il est très difficile d'en avoir des preuves mais nous soupçonnons que la chose se pratique déjà dans des pays à l'éthique plutôt souple», mentionne Mme Laberge.

Il apparaît impossible, à l'heure actuelle, de réglementer ce type de manipulation car on ne peut exclure de la compétition un athlète sur la base de son profil génétique…

On a déjà des usines à athlètes en Chine. Ce pays pourrait n'avoir aucun scrupule à sélectionner génétiquement des sportifs d'élite, voire les créer en laboratoire par diagnostic préimplatatoire. Cela se fait chez l'animal quand on veut développer différentes caractéristiques. Quand les barrières éthiques sont faciles à surmonter, on peut s'attendre à des situations de plus en plus complexes, où les fédérations sportives internationales auront un mal fou à enquêter.

Selon le chercheur Louis Pérusse, de l'Université Laval, on connaît plus de 200 gènes liés à la performance. Avec son collègue Claude Bouchard, il tient une « carte génétique de la performance sportive[1] ». Mais malgré les avancées de la science, on serait encore loin, selon lui, d'une application chez l'humain.

Peut-être voit-il juste. Mais si on tient pour acquis que les records seront battus au cours des prochaines compétitions olympiques au même rythme que durant le dernier siècle, c'est du côté des généticiens qu'on trouvera les véritables champions.

Certains pensent pourtant que la limite physique des athlètes est déjà atteinte. Au cours d'entraînements de plus en plus exigeants, en préparation pour les Olympiques notamment, les athlètes se blessent davantage. Ces blessures mettent fin, dans de nombreux cas, à la carrière d'athlètes prometteurs. Ces accidents ont lieu dans les semaines qui précèdent les compétitions. On voit parfois des équipes nationales décimées par les blessures.

D'autres pensent que les limites seront toujours repoussées dans des disciplines qu'on ne soupçonne même pas à l'heure actuelle. Les compétitions de planche à neige, de ski acrobatique et de patin courte piste n'existaient pas en 1950.

1. Sophie Allard, « Des athlètes génétiquement modifiés », *La Presse*, 14 février 2010.

Verra-t-on des «Olympiques pour cyborgs» en marge des Olympiques pour humains en 2060? Si le passé est garant de l'avenir, il faut s'attendre à ce genre de dérive, croit Paul Foisy. Sinon les gens ordinaires n'auront aucune chance devant les superathlètes créés en laboratoire.

ZOOM[2]

- En ski de vitesse, on a dépassé en 2002 les 250 k/h. En 1932, on était à 136 km/h. Même si on a retiré cette épreuve des Jeux olympiques, elle demeure pratiquée dans des compétitions internationales.

Tableau des records, ski de vitesse
2006: 251,40 km/h[1] – Simone Origone (Italie)
2002: 250,70 km/h – Philippe Goitschel (France)
1988: 223,741 km/h – Michael Prufer (FRA)
1984: 208,937 km/h – Franz Weber (Autriche)
1978: 200,222 km/h – Steve Mc Kinney (États-Unis), premier homme à dépasser 200 km/h
1932: 136 km/h – Leo Gasperl (Autriche), premier record du monde

- Trois choses peuvent améliorer les performances en ski: les forces de la gravité, la surface et l'entraînement. Gravité et surface: on peut gagner quelques kilomètres par heure grâce au matériau de glisse et au fartage. De plus, la neige a des propriétés physiques qui la rendent plus ou moins glissantes, certains jours. Sur le plan technique, on a peut-être atteint la limite. Par contre, on peut encore améliorer l'entraînement pour une performance optimale. C'est là que tout va se jouer. Place à la génétique!

2. Source: blogue Sport et société, http://sportetsociete.blogspot.com/

LA SEPTIÈME EXTINCTION

L'activité humaine continuera de miner la biodiversité.

Le grèbe roussâtre (*Tachybaptus rufolavatus*) a été observé pour la dernière fois en 1985 à Madagascar. Malgré les différentes expéditions organisées depuis 25 ans pour tenter de retrouver sa trace, aucun individu n'a été formellement rapporté. Toujours en couple, cet oiseau avait pour habitude de se nourrir de poissons attrapés dans les eaux saumâtres du lac Alaotra, le plus grand de l'île. En 2010, l'Union internationale pour la conservation de la nature a déclaré cette espèce définitivement éteinte.

Éteints également le tigre de Bali (*Panthera tigris balica*), le lion de l'Atlas (*Panthera leo leo*), le phoque caraïbe (*Monachus tropicalis*), un grand nombre d'espèces d'oiseaux et de poissons et d'innombrables insectes et amphibiens. Il n'y a donc pas que la tourte et le dodo qui ont disparu à jamais de la surface de la terre en laissant, tout juste, quelques vestiges qu'on peut observer dans les musées d'histoire naturelle... Presque toutes les familles taxonomiques sont touchées.

L'Unesco estime que le nombre d'espèces a décliné d'environ 40 % depuis 1970. Au cours de la dernière décennie, les forêts primaires ont perdu 6 millions d'hectares par an. Près de 20 % des récifs coralliens ont été détruits, du fait, notamment de la pollution et de la surpêche.

On croit que 25 % des espèces connues auront peut-être disparu vers 2050. Le biologiste Edward Osborne Wilson estime que si le taux actuel de destruction de la biosphère par l'homme se maintient, la moitié de toutes les espèces en vie sur Terre seront éteintes d'ici à 100 ans[1].

L'évaluation des écosystèmes pour le millénaire, publiée par les Nations Unies en 2005, rapporte que les taux actuels d'extinctions d'espèces seraient jusqu'à 1000 fois plus élevés que si la nature avait pu suivre son cours normal.

La plupart des biologistes pensent que nous sommes actuellement au début d'une extinction de masse causée par l'homme[2]. On reconnaît généralement que la Terre a connu six extinctions massives (durant les périodes nommées Cambrien, Ordovicien, Dévonien, Permien, Trias et Crétacé). L'époque actuelle, appelée Holocène, s'est entamée il y a 10000 ans. Le chimiste et météorologue néerlandais, Paul Crutzen (prix Nobel de chimie en 1995), pense que l'activité humaine est devenue une force géophysique agissant sur la planète. En puisant les ressources fossiles enfouies telles que le charbon, puis le pétrole et le gaz naturel, le cycle planétaire a été perturbé de façon artificielle.

L'extinction qu'on connaît est observable à l'échelle d'une vie. En nommant 2010 « Année de la Biodiversité », l'ONU a voulu « accroître la sensibilisation à l'importance de la biodiversité pour le bien-être humain ; mettre un terme aux tendances actuelles de sa perte ; célébrer les succès reconnus de sa conservation ».

1. Selon Wikipédia.
2. Selon un sondage effectué par le Muséum d'histoire naturelle américain de New York auprès de 400 biologistes, en 1998.

Heureusement, quelques bonnes nouvelles émaillent l'histoire récente et le futurologue lucide peut entretenir un certain optimisme pour la suite des choses.

Nommer les espèces

Connaît-on 80% des espèces sur terre? La moitié? 20%? Réponse: seulement 20%. Quatre espèces vivantes sur cinq n'ont même pas de nom. On les a peut-être aperçues mais aucun taxonomiste n'a eu le temps et la patience de les identifier une à une et de noter leurs caractéristiques morphologiques et biologiques.

La botaniste Anne Bruneau, fondatrice du Centre sur la biodiversité de l'Université de Montréal, rappelle que les scientifiques ont identifié environ 1,75 million d'espèces vivantes depuis les premières observations de la nature. «Exception faite des mammifères, qu'on connaît assez bien, il y a un très grand nombre d'espèces d'insectes et de champignons qui restent à nommer.»

C'est en mer que notre ignorance est la plus grande. Particulièrement chez les petits organismes. Quand on plonge un filet dans l'océan, il arrive qu'on ressorte avec plusieurs espèces qui ne figurent dans aucun livre.

Le Québec a accueilli une conférence internationale sur la diversité biologique à l'été 2010. On a voulu échanger connaissances et pratiques liant la diversité biologique et culturelle et élaborer un programme de travail; forcer la base des connaissances scientifiques sur la biodiversité et combler les lacunes. Objectif: sensibiliser, éduquer et communiquer l'importance vitale de l'utilisation durable des ressources.

Que faire? On peut agir de différentes façons. En créant des aires protégées où on interdira tout développement immobilier et activité industrielle ou forestière. Dans ce secteur, le Québec a fait de grands efforts durant la première décennie du 21e siècle. Le pourcentage du territoire bénéficiant d'une protection légale est passé de 3% à 8%. Il est vrai que de nombreux parcs se trouvent à grande distance des centres urbains. Mais c'est un effort notable.

Par ailleurs, Montréal est le siège de la Convention sur la biodiversité, signée en 1992 à Rio et mise en application dès l'année suivante. Aujourd'hui ratifiée par 175 pays, cette Convention marque un tournant dans le droit international en reconnaissant, pour la première fois, que la conservation de la diversité biologique est «une préoccupation commune à l'humanité».

Quels animaux sauvages vivront encore dans un siècle? Des insectes et des rats sûrement, des méduses (elles sont dans la mer depuis les tout premiers débuts de la vie), oui, mais sûrement pas autant d'oiseaux, de mammifères, d'amphibiens qu'il y en a aujourd'hui.

En Angleterre, on a mis d'importantes sommes dans la construction de musées d'histoire naturelle qui, en plus de constituer des endroits touristiques majeurs, sont des centres de recherche importants. Par exemple, le Darwin Center, à Londres, est pourvu d'une immense enceinte en forme de cocon qui offre aux chercheurs une assise idéale pour mener leur travail de taxonomie.

Au Centre sur la biodiversité de Montréal, juxtaposé au Jardin botanique, quatre collections seront logées de façon permanente: l'herbier Marie-Victorin, la collection entomologique Ouellet-Robert, la collection de recherche de l'Insectarium de Montréal et la collection de champignons du Cercle des mycologues de Montréal. Ce centre contribuera, notamment, à mieux comprendre la nature qui nous entoure et ses innombrables interactions. Le Projet Canadensys, par exemple, consiste à unir sur une même base de données toutes les espèces végétales. On pourra éventuellement coupler ces informations avec des inventaires semblables effectués pour des insectes, des oiseaux, des mammifères, de façon à créer une encyclopédie mondiale du vivant.

Cela dit, le biologiste Pierre Brunel dénonce avec énergie le fait que le Québec est, avec Terre-Neuve, la seule province canadienne à ne pas posséder sur son territoire un centre national de conservation. L'Institut québécois de la biodiversité, qu'il a fondé avec d'autres biologistes, tente de sensibiliser l'État à cette question.

D'après le répertoire de l'organisme, 250 collections majeures n'ont pas de toit permanent et demeurent vulnérables. Un tel centre n'est pas un musée conventionnel. Sauf exceptions, le public n'y est pas admis. C'est un endroit répondant à des critères stricts de température et d'humidité. Il est conçu dans le but de conserver les collections le plus longtemps possible et de permettre aux chercheurs d'approfondir les connaissances sur la biodiversité, en ayant accès directement aux objets conservés.

En d'autres termes, c'est un site qui coûte cher et qui ne rapporte rien, ou presque, en termes de financement. On comprend que les fonds soient difficiles à rassembler et que les collectionneurs aient tant de mal à trouver des arguments convaincants pour attirer l'attention du public sur cette cause.

Banques de semences

Sur le plan international, une des initiatives les plus originales pour lutter contre la disparition des espèces est la banque de semences qu'on a mise sur pied en Scandinavie. À la façon d'une grande bibliothèque, des semences sont entreposées dans d'immenses voûtes pour les siècles, voire les millénaires à venir… Le pari est le suivant: si une crise vraiment grave survenait, mettant en péril l'essentiel de la vie terrestre, au moins la planète reverdirait.

En Norvège, la *Global Crop Diversity Trust* a été inaugurée au tournant de l'an 2000, après 20 ans d'efforts. Cette banque de graines sous la terre attend la fin du monde...

L'endroit où on installe un tel entrepôt doit être soigneusement choisi. Il doit pouvoir résister à d'immenses bouleversements, dont les tremblements de terre et les bombardements. Puis, on doit s'assurer que la température demeurera froide pour assurer les meilleures conditions de conservation possibles.

On a d'abord creusé une cavité dans le pergélisol (sol perpétuellement gelé) pour y maintenir une température constante de –18 °C, estimée idéale. C'est un site dans l'archipel de Svalbard, au-delà du Cercle polaire, qui a été retenu. Un couloir de 100 mètres aboutit à trois salles dont l'aire totalise 1 000 m^2. Chacune peut contenir 1,5 million de graines.

Cette réserve mondiale est aujourd'hui fonctionnelle et accueillera, à terme, 4,5 millions de graines provenant du monde entier.

La biodiversité qui inspire

De passage au Québec en 2010, à l'invitation de l'Association des communicateurs scientifiques, le biologiste Tarik Chekchak, directeur du volet Sciences et environnement à l'Équipe Cousteau et à la Cousteau Society, livre un message original sur les rapports entre l'humain et la nature: «Depuis son apparition sur notre planète il y a 3,8 milliards d'années, la vie s'est propagée du fond des océans aux sommets des montagnes, de l'Arctique à l'Antarctique. Environ 15 millions d'espèces ont survécu jusqu'à aujourd'hui. L'observation et l'imitation des stratégies du vivant peuvent-elles nous aider à concevoir de nouveaux modèles économiques et technologiques? Comment tisser les fibres comme le font les araignées? Maîtriser l'énergie solaire à la manière des plantes? Gérer les affaires ou les villes sur le modèle d'une forêt millénaire? Produire de l'énergie comme le fait la queue d'un requin? La vie, c'est 3,8 milliards d'années de recherche et développement! La biodiversité a peut-être quelque chose à nous apprendre», dit ce Franco-Algérien qui a étudié à Montréal et à Rimouski.

Il a plongé au Soudan, au Mexique, au Brésil et en Roumanie. Chef de mission sur la *Calypso*, il a participé à l'expédition «Le Monde du silence revisité», sur les traces des premières découvertes du commandant Jacques-Yves Cousteau (1910-1997) en mer Rouge.

Lors d'une rencontre avec M. Chekchak à la Biosphère de Montréal, musée de l'environnement, où un court métrage retraçait l'œuvre de Jacques-Yves Cousteau, de nombreuses personnes ont ressenti une vive émotion devant les reportages tournés à partir de la *Calypso*. Certains y ont vu l'origine de leurs intérêts pour les sciences de la nature, voire de leur orientation professionnelle.

Aujourd'hui, l'organisation réalise moins de documentaires animaliers mais demeure fortement engagée dans la protection des espèces menacées et dans diverses activités de sensibilisation.

Comme l'écrit la journaliste scientifique Pauline Gravel, du *Devoir*, les héritiers du commandant Cousteau privilégient une approche intégrée et non sectorielle baptisée écotechnie. Un exemple: la mise en place d'un ambitieux programme en mer Rouge, de 2004 à 2009, consistant en la production d'un portrait détaillé des habitats marins et d'une étude socioéconomique et légale des 750 kilomètres de côtes bordant le Soudan. «Cet état des lieux fournit aux décideurs un outil d'aide à la gestion qui permet d'éviter que les erreurs qui ont été faites ailleurs soient répétées sur ces côtes incroyablement bien préservées. Un milieu corallien comme celui-là fournit aux communautés humaines des services écosystémiques substantiels sous forme de nourriture à travers la pêche, car les récifs sont de véritables oasis, ainsi que sous forme de protection contre les tsunamis. À l'Équipe Cousteau, nous n'opposons pas développement et préservation de l'environnement, les deux doivent plutôt aller main dans la main», précise M. Chekchak[3].

Il suit de près, également, la population de marsouin de Californie, le mammifère marin le plus menacé de la planète, et travaille en collaboration avec des plongeurs amateurs pour tenir à jour un répertoire précis des fluctuations de la communauté.

À son avis, à cause des changements climatiques et du développement des zones habitées, les 50 prochaines années seront déterminantes en matière de biodiversité. Mais ce seront à son avis les années «les plus fascinantes que l'humain aura connues depuis les grandes révolutions civilisationnelles». Pourquoi? Parce qu'il faudra apprendre à changer nos habitudes et à développer un meilleur rapport avec la nature.

3. Pauline Gravel, «Poursuivre l'œuvre de Cousteau», *Le Devoir*, 13 et 14 novembre 2010, p. A-10.

ZOOM

- ✧ Avant de disparaître, les espèces menacées figurent sur la Liste rouge de l'Union internationale pour la conservation de la nature (uicn.fr/La-Liste-Rouge-des-especes.html). Cette liste, créée en 1963, constitue l'inventaire mondial le plus complet de l'état de conservation global des espèces végétales et animales. Elle répond aux questions suivantes: Dans quelle mesure telle espèce est-elle menacée? Par quoi telle ou telle espèce est-elle spécialement menacée? Combien y a-t-il d'espèces menacées dans telle région du monde? Il y a trois catégories critiques: «Éteinte», «Éteinte à l'état sauvage» et «En danger critique d'extinction». La liste rouge paraît tous les quatre ans.
- ✧ Le dernier rapport fait état de 869 espèces éteintes ou éteintes à l'état sauvage. Ce chiffre atteint 1159 si on ajoute les 290 espèces en danger critique d'extinction classées comme «probablement éteintes».
- ✧ Dans l'ensemble, au moins 16928 espèces sont menacées d'extinction. «Étant donné que l'analyse ne porte que sur 2,7% du 1,8 million d'espèces décrites, ce chiffre est considérablement sous-estimé, mais il représente un instantané utile de ce qui arrive à l'ensemble des formes de vie sur la terre», peut-on lire sur le site de l'UICN.
- ✧ La biodiversité sous-marine est particulièrement préoccupante. En Europe, 38% des poissons seraient menacés. En Afrique de l'Est, 28%. Dans les océans, une grande variété d'espèces subit des pertes en raison de la surpêche, des changements climatiques, de l'envahissement d'espèces exotiques, de l'urbanisation du littoral et de la pollution.

LES ESPACES MENACÉS

Le réchauffement climatique haussera le niveau des océans et menacera les centres de ski.

Le 17 octobre 2009 se tient aux Maldives une réunion du conseil des ministres… sous l'eau. Pour le président de l'archipel, Mohamed Nasheed, qui signe à six mètres de profondeur une résolution appelant à une réduction des gaz à effet de serre, cet événement est une bonne façon d'attirer l'attention du public mondial sur la hausse du niveau des eaux qui menace son pays de près de 400 000 habitants.

Membre du Groupe intergouvernemental d'experts sur l'évolution du climat (GIEC), de l'ONU, le géographe Bhawan Singh connaît bien la situation aux Maldives car il étudie les variations des niveaux d'eau des océans depuis plus de trois décennies. «Les Maldives ont une élévation maximale de quatre mètres seulement, dit l'universitaire montréalais. La hausse du niveau de l'océan Indien est une préoccupation très sérieuse pour eux. Les dirigeants du pays ont déjà commencé à négocier avec les pays voisins, comme la Nouvelle-Zélande, pour y déplacer la population en cas d'inondation», explique-t-il.

Ai-je bien compris? Déménager une population entière en cas d'inondation? Absolument, répond-il. Tous espèrent éviter cette solution de dernier recours, mais vaut mieux prévenir.

En 2007, le GIEC a annoncé qu'une hausse du niveau de la mer pourrait rendre l'île inhabitable d'ici à 2100. «On prévoit une hausse variant de 25 à 50 centimètres sur le globe d'ici au tournant du prochain siècle, résume M. Singh. Cela suffira à faire disparaître de nombreuses îles et menacer sérieusement d'innombrables infrastructures.»

Actuellement, la hausse du niveau de la mer à cette latitude se chiffre à environ 2 millimètres par an. Mais, comme le dit M. Singh, c'est une estimation conservatrice. Alors que les chefs politiques tentent de trouver des façons de limiter les émissions atmosphériques au cours de grandes rencontres internationales (le protocole de Kyoto, la rencontre de Copenhague, le sommet sur le climat à Cancun), le chercheur explique que les scénarios les plus optimistes tendent vers une augmentation des niveaux d'eau de tous les océans, ce qui aura des conséquences désastreuses d'un bout à l'autre de la planète.

Expansion thermique

Trois facteurs expliquent la hausse du niveau des océans, rappelle-t-il: l'expansion thermique de l'eau (38%), la fonte des glaces dans les régions montagneuses (38%) et la fonte des glaciers polaires au Groenland (24%). «On a calculé que le niveau des océans monte en moyenne de un à deux millimètres par an depuis un siècle, explique-t-il. Mais cette hausse ne s'observe pas de façon uniforme sur la planète. En Scandinavie, par exemple, la fonte des glaciers libère le continent d'un poids énorme. Résultat: les côtes se soulèvent et l'on assiste à un recul des eaux.»

Les banquises, formées sur les pôles par l'eau de mer gelée, ont une influence négligeable sur ce phénomène en comparaison de l'expansion thermique. Tous savent qu'un cube d'eau prend plus de place lorsqu'il est déposé dans le congélateur. Le contraire est aussi vrai : l'eau prend de l'expansion quand elle est chauffée. On ne peut pas observer ce principe à petite échelle, mais il est mesurable sur les rivages de l'océan Atlantique. Or, selon le GIEC, la température moyenne du globe a augmenté de 0,8 °C depuis un siècle (+ 1,2 °C au Canada), une tendance qui pourrait aller en s'accélérant à cause de l'effet de serre. La fonte des glaces formées par l'eau douce sur le haut des montagnes et dans les régions subpolaires provoque également un apport dans les océans. Cette fonte est ressentie des Alpes à la Cordillère des Andes, où certains glaciers qu'on croyait « éternels » ont complètement disparu au cours des dernières décennies.

Bien que réel, le niveau d'eau moyen n'est qu'un indicateur, explique le géographe et climatologue de l'Université de Montréal. En fait, le réchauffement climatique provoque une hausse de la fréquence des tsunamis, des typhons et des tornades plus puissants et plus dévastateurs les uns que les autres. En Amérique du Nord, nous ne sommes pas épargnés par cette situation puisqu'on a enregistré deux fois plus de tempêtes majeures depuis 1995. On n'en comptait que 10 par année dans la région de l'Atlantique Nord ; on en compte 20 maintenant.

Au Québec, l'érosion fait également d'importants dégâts sur la Côte-Nord et la Gaspésie, où les tempêtes laissent de plus en plus de traces. Des routes et des maisons s'affaissent ; on doit procéder à d'importants travaux de digues et d'enrochement pour retenir la côte. L'hiver 2010-2011 aura laissé derrière lui de bien tristes souvenirs aux résidents côtiers de l'Atlantique Nord. Comme le temps doux n'avait pas permis la formation de glace au large, les tempêtes de décembre ont grugé des centaines de kilomètres de côtes.

Objectif protocole

À l'autre bout du monde, dans son pays d'origine, Trinidad, Bhawan Singh a lui-même entrepris des travaux de recherche sur le recul de la côte. Avec les données recueillies à l'aide de marégraphes, il a constaté que la mer grugeait chaque année de nouvelles parcelles de terre. Sur 17 ans (de 1987 à 2004), plus de 50 mètres de la côte est ont été avalées par l'océan Indien. Mais tout cela n'est rien à côté du Bengladesh qui pourrait subir de véritables désastres si les océans continuent de se soulever. Environ 50% de la superficie de ce pays serait inondée si le niveau de la mer augmentait d'un mètre.

Il est vrai que nous relevons tout juste d'une ère glaciaire (achevée il y a 10000 ans); le réchauffement climatique s'est donc entamé bien avant l'industrialisation de l'Occident. De plus, des éléments extérieurs à l'activité humaine modifient la carte des eaux. Mais selon l'expert, la température terrestre s'est stabilisée depuis plus de 5000 ans maintenant. La hausse de la température globale est donc, indiscutablement, en grande partie attribuable à la pollution atmosphérique.

Pour mettre un frein à la hausse du niveau des océans, il faudrait stopper l'émission de gaz à effet de serre (dioxyde de carbone, méthane) provoquée par l'activité humaine. C'est ce que visait le protocole de Kyoto, un «tout petit pas», selon M. Singh, mais que les États-Unis ont refusé de franchir et que le Canada n'a pas été capable d'honorer. Aujourd'hui, quand on évoque le protocole de Kyoto, c'est pour faire référence à un échec monumental.

Au Québec, le réchauffement climatique aura des conséquences directes très claires tout près de la métropole. Pour M. Singh, la survie même des stations de ski en Montérégie et en Estrie est compromise. «À cause du réchauffement, la période skiable pourrait passer de plus de quatre mois à moins de deux mois, faute de neige, commente-t-il. Même la fabrication de la neige artificielle ne pourrait aider les centres car le mercure doit descendre au-dessous de zéro.»

De façon générale, les hausses de la température, survenues de façon naturelle dès le 18e siècle et accélérées depuis par l'activité humaine, entraîneraient sous nos latitudes une augmentation de quatre à cinq degrés l'hiver et de deux à trois degrés l'été. Pour les stations de la région de Québec-Charlevoix, cela pourrait avoir une incidence positive, car les clients ne se bousculent pas aux remonte-pentes les jours de froid extrême... Un adoucissement des températures moyennes pourrait donc avoir un effet apaisant. Mais dans les régions plus au sud, où le point de congélation est régulièrement dépassé même en plein hiver, c'est autre chose. «Les stations dépendent beaucoup de deux périodes de pointe: les vacances des Fêtes et la relâche scolaire. C'est là qu'elles font les deux tiers de leur chiffre d'affaires. Si la neige n'est pas au rendez-vous, cela peut être désastreux», explique-t-il.

Le Québec compte 84 stations de ski majeures, dont une quinzaine accaparent 70% du marché. Elles ont beaucoup investi dans les appareils d'enneigement artificiel pour rester dans la course et conquérir de nouveaux marchés. Mais à quoi servent des canons à neige s'il pleut?

Par contre, on pourra jouer au golf trois semaines de plus d'ici à 2040.

ZOOM

- ✧ En 2009-2010, on a connu l'hiver le plus chaud et le plus sec depuis 63 ans au Québec. On note une augmentation de 2 à 4 degrés dans le Sud; de 4 à 7 dans le Nord. On voit des arbres en fleurs en février. Il n'y a presque pas de neige à Sept-Îles. La glace dans le golfe du Saint-Laurent ne couvre que 2% de la surface contre environ 50% normalement[1].
- ✧ Kilimandjaro, Tanzanie: les «neiges éternelles» seront fondues en 2030 (réchauffement climatique). Le plus haut sommet d'Afrique a perdu le quart de sa superficie enneigée entre 2000 et 2007.
- ✧ Forêt amazonienne et mer Morte. Elles pourraient disparaître en 2050 pour causes de déforestation et de réchauffement climatique. L'Amazonie est menacée par des sécheresses extrêmes et la déforestation y avale de 20000 à 25000 kilomètres carrés par année. Quant à la mer Morte, son évaporation s'intensifie au point où elle diminue de un mètre par an. En 50 ans, elle a perdu le tiers de sa superficie.
- ✧ Le lac Baïkal, en Sibérie, pourrait être asséché en 2100 à cause du réchauffement climatique et du drainage.
- ✧ Îles de la Madeleine: 23 secteurs sont menacés à court ou moyen terme, dont 60% des sources d'eau potable. Cause: les tempêtes de plus en plus ravageuses que les glaces ne freinent plus. En Amérique du Nord, on a enregistré deux fois plus de fortes tempêtes depuis 1995. On n'en dénombrait que 10 annuellement dans la région de l'Atlantique Nord; on en compte 20 maintenant.

1. Frédérique Sauvé, «Espaces en voie de disparition», revue *Espaces*, mars 2010. Les exemples qui suivent sont de la même source. Non citées dans l'ouvrage présent, les disparitions des Eveglades, en Floride (vers 2500), du rocher Percé (2400) et des rives du fleuve Saint-Laurent et des îles de la Madeleine (année non précisée). Voir aussi le site du GIEC: http://www.ipcc.ch/home_languages_main_french.htm

L'INVASION DES NANOTECHNOLOGIES

C'est la grande préoccupation technologique du 21e siècle.

Les nanotechnologies changeront-elles nos vies? «Elles les changent déjà beaucoup plus qu'on pense!», répond le chimiste Robert Sing. «On en trouve des applications dans presque tous les secteurs de la vie courante, des cosmétiques au transport en passant par l'électronique, la médecine, les télécommunications, etc.»

Fondateur de Nano-Québec, dont il a été directeur de 2000 à 2004, M. Sing a vu cette science prendre de plus en plus d'importance depuis qu'il a déposé sa thèse de doctorat en 1987. «Quand j'ai fait mon cours en chimie analytique, on ne parlait jamais des nanosciences. Mais l'invention de microscopes très performants qui ont permis l'observation d'amas d'atomes, dans les années 1980, a provoqué une explosion de découvertes.»

Couronnés par le prix Nobel de physique en 1986, les chercheurs allemand, Gerd Binnig, et suisse, Heinrich Rohrer, ont mis au point un appareil utilisant un phénomène quantique, l'effet tunnel, pour obtenir des images précises de structures de la grosseur d'un atome. Il faut savoir que l'atome (du grec *atomas*, «que l'on ne peut diviser») est si petit qu'aucun humain ne l'a encore vu de ses propres yeux. Mais on peut apercevoir, grâce à des appareils d'imagerie de haute précision, les effets de sa présence. « C'est un peu comme du braille chez les aveugles. La différence de relief permettait de lire une surface avec une précision inégalée », explique le chimiste.

Lorsque, en 1989, le physicien Donald Elgler, forme les lettres IBM avec 35 atomes de xénon, il devient le premier humain à manipuler des atomes. Un tel niveau de précision va permettre l'essor de l'ingénierie moléculaire. En plus de se faire une représentation mentale de la matière, on peut agir sur celle-ci. « Il faut comprendre que la propriété des matériaux change en fonction de leur dimension. En manipulant de petites structures, on peut leur donner des propriétés différentes », explique M. Sing.

Rappelons que un millième de mètre (millimètre) est la grosseur d'une tête d'épingle ; une cellule mesure environ un millionième de mètre (micron) et une molécule quelques milliardièmes de mètre (nanomètre). Pour comprendre le niveau de raffinement de l'intervention humaine sur l'atome, imaginons un géant penché sur sa table de travail, avec sa pince à sourcils.

Pour se représenter la dimension d'un élément de si petite taille, transposons-le à une échelle observable. L'atome, de la grosseur d'un nanomètre, correspondrait à un dé à coudre sur une autoroute entre Montréal et Sept-Îles.

Le nouveau monde nanotechnologique

Le Centre interdisciplinaire de prévision et d'analyse technologique, de l'Université de Tel-Aviv, a interrogé 139 experts de 30 pays sur l'avenir des nanotechnologies. Son enquête révèle qu'en 2018, il devrait être possible de fabriquer des organes humains artificiels *in vitro*, d'intégrer des «dispositifs d'autoréparation» (*self-repairing abilities*) dans des machines. En 2025, selon les experts, des nanomachines permettant le diagnostic, mais aussi des thérapies, pourront être envoyées dans nos corps.

Manipulé en nanotechnologie, le Zincofax, que tous les parents connaissent pour ses effets protecteurs sur la peau des bébés, peut être utilisé en écran solaire. L'oxyde de zinc perd alors sa teinte blanche mais non ses propriétés protectrices. Il y a des centaines d'exemples comme celui-là autour de nous.

Une revue de la littérature établie en 2005 donne une idée de l'enthousiasme qui a enflammé les chercheurs à partir de la découverte du microscope à effet tunnel. Les publications en recherche fondamentale sur les nanosciences et nanotechnologies ne dépassaient pas le millier en 1990. Cinq ans plus tard, on en comptait 35 000 et, en 2000, plus de 80 000. Les entreprises liées à ce secteur ont connu une croissance similaire: en 2005, on en comptait 1 400, alors qu'on n'en dénombrait que 75 en 1990. Le nombre de brevets est passé, lui, de 950 par année en 1995 à 2 600 en 2003.

L'imagination n'a pas de limite quand il s'agit d'applications nanotechnologiques: pneus renforcés et recyclables grâce à des nanoparticules, vitres autonettoyantes, matériaux ininflammables, textiles et recouvrements infroissables qui résistent aux taches et se réparent d'eux-mêmes. En électronique, on estime pouvoir multiplier les possibilités techniques et la rapidité des méthodes actuelles. En pharmacie, les nouveaux médicaments basés sur des nanostructures permettront le ciblage de médicaments, la mise au point de matériaux de remplacement biocompatibles avec les organes et les fluides humains. Des tests diagnostiques pouvant être utilisés à domicile, des matériaux pour la régénération des os et des tissus, des produits cosmétiques... On pense élaborer de nouvelles générations de microscopes et d'instruments de mesure, des nanopoudres incorporées dans des matériaux en vrac. Parmi les innovations les plus incroyables, l'auto-assemblage de structures à partir de molécules. On aurait des matériaux qui se réparent eux-mêmes, comme par magie.

Dans le secteur de l'énergie, on pense pouvoir créer des combustibles propres, favoriser l'économie d'énergie résultant de l'utilisation de matériaux plus légers et de plus petits circuits, des revêtements nanostructurés, de nouveaux types de piles à combustible, de piles solaires, de catalyseurs. En exploration spatiale, on mettra au point des véhicules spatiaux plus légers, on produira de nouvelles sources d'énergie plus efficaces, on développera des systèmes robotiques. En environnement : des membranes sélectives filtreront mieux les contaminants et les rejets industriels ; on réduira les sources de pollution, on mettra au point des nouvelles techniques de recyclage.

Le secteur militaire n'est pas en reste. Les nanotechnologies permettront l'arrivée de détecteurs d'agents chimiques et biologiques, de matériaux beaucoup plus résistants que ceux qu'on connaît, des textiles légers et, évidemment, de nouveaux types d'armes dont on ne peut même pas imaginer la puissance...

Durant les prochains 25 ans, selon NanoQuébec, les nanotechnologies devraient apporter autant d'innovations, sinon plus, que toutes celles qui découlent de l'électricité depuis 100 ans. On prévoit que le nombre d'utilisateurs industriels quadruplera d'ici à cinq ans. Les ventes mondiales de ces produits dérivés se chiffreront à 2600 milliards en 2014, soit 200 fois plus qu'en 2004.

Pour Robert Sing, la population ne peut pas s'imaginer à quel point cette révolution a touché les objets qui les entourent. Les domaines d'application n'ont que la limite de la créativité des chercheurs et entrepreneurs.

Au pavillon J-Armand Bombardier de Montréal, un laboratoire complet est consacré à la recherche en nanotechnologie. Dirigé par Richard Martel, c'est le plus « stable » de tout le Québec. Construit sur une dalle de béton de sept mètres d'épaisseur, il s'appuie sur la roche-mère du bouclier canadien.

La zone d'ombre

Tous ne partagent pas l'enthousiasme des passionnés de la manipulation de l'atome. La Commission de l'éthique, science et technologie du Québec s'est penchée sur le risque et les nanotechnologies. Elle signale dans son rapport que toute particule naturelle ou industrielle présente des risques de toxicité pour les organismes vivants. Or, les nanoparticules de synthèse sont porteuses de risques associés à leur manipulation ou à des rejets (volontaires ou accidentels) dans l'air, le sol et l'eau. Ces risques doivent être pris en considération afin de protéger les travailleurs du secteur, la population et la biodiversité dans son ensemble.

La Commission déplore le manque flagrant d'information pour bien connaître les nanotechnologies. Or, comment prendre des décisions éclairées, en tant que législateur, chercheur, entrepreneur, travailleur ou citoyen, s'il n'existe pas une compréhension commune de ce que sont les nanotechnologies?

Établir une terminologie et une nomenclature scientifiques communes, mettre sur pied des procédures et des standards et poursuivre la recherche et la diffusion des résultats apparaissent à la Commission comme les trois prémisses indispensables à une gestion responsable du développement des nanotechnologies.

ZOOM

- ✧ La nouvelle frontière en technologie : l'infiniment petit. On en est là depuis l'invention du microscope à effet tunnel qui a valu un prix Nobel à son inventeur en 1986. Il s'agit de reconstruire la nature, atome par atome.
- ✧ En injectant des molécules conçues pour s'auto-assembler sous forme de nanofibres dans les tissus de la moelle épinière, il a été possible de réparer et faire recroître des neurones endommagés. Lors de leur formation, les nanofibres se localisent dans des zones des tissus où elles activent certains processus biologiques qui permettent de réparer les cellules atteintes. L'équipe de Sam Stupp a aussi découvert que ces nanofibres étaient capables d'orienter la différenciation de cellules souches vers la fabrication de neurones. Ces avancées peuvent avoir des implications dans les maladies de Parkinson et d'Alzheimer pour lesquelles des cellules du cerveau cessent de fonctionner normalement (source : http://www.tregouet.org/edito.php3?id_article=508)
- ✧ Au Québec, on investit dans ce domaine : Nano-Québec prévoit investir de 100 à 250 millions de dollars dans des projets liés aux secteurs suivants : nanosystèmes, transformation des matériaux, santé et développement durable[1].

1. http://nanoquebec.ca/

JE JOUE SÉRIEUX

Enfin, on apprend en s'amusant.

Par l'intermédiaire du site jeux-serieux.fr, le Centre de Ressources et d'Information sur les multimédias pour l'enseignement supérieur, en France, fait la promotion de jeux vidéo à portée éducative, ou ce qu'on appelle les «jeux sérieux» (traduction littérale de *serious games*). Ce sont des «applications développées à partir des technologies avancées du jeu vidéo, faisant appel aux mêmes approches de design et savoir-faire que le jeu classique (3D temps réel, simulation d'objets, d'individus, d'environnements...) mais qui dépassent la seule dimension du divertissement».

Est-ce une tendance à laquelle on n'échappera pas? «J'en ai bien l'impression, oui, dit Louis-Martin Guay, un spécialiste du design de jeu vidéo. Actuellement, on a des jeux basés à 99% sur l'aspect ludique. Mais on commence à voir apparaître des jeux aux visées éducatives. La recherche et le développement dans ce secteur sont considérables. D'ici 50 ans, ça va prendre de plus en plus de place.»

Par exemple, Energyville permet de créer une ville alimentée par différentes sources d'énergie: pétrole, électricité, gaz naturel, éolien, solaire, etc. Le joueur peut choisir ses sources d'énergie pour alimenter sa ville. Après une trentaine d'années de gestion, l'ordinateur fait le bilan des opérations.

Forestia est du même type. On gère une forêt en tenant compte de critères écologiques et économiques. L'auteur Bryan Perro y tient un petit rôle. Fait au Québec par la société CREO, Forestia prend la forme d'une forêt virtuelle que les usagers doivent aménager à partir des conseils de plusieurs personnages – un ingénieur forestier, un biologiste, un directeur d'usine et un maire. Il doit réaliser des inventaires forestiers, approvisionner des usines à l'aide d'abatteuses multifonctionnelles, combattre de terribles incendies de forêt et protéger des sections de forêt qui renferment des espèces rares!

«Le danger auquel sont confrontés les créateurs de ces jeux, c'est que l'aspect pédagogique prenne le pas sur le plaisir de jouer. Les jeunes ne veulent pas avoir l'impression qu'ils sont à l'école», fait remarquer M. Guay, qui a travaillé plus de 10 ans chez Ubisoft, l'entreprise montréalaise spécialisée dans ce secteur.

L'idéal serait de trouver des jeux vidéo qui attirent les jeunes par la porte du plaisir et les amènent à s'intéresser aux sciences et à l'histoire.

On a peut-être trouvé cette combinaison dans des jeux de stratégie comme Civilization (I à IV), qui a connu un succès mondial avec des ventes de plus de 9 millions d'unités depuis sa création en 1991. Dans ce jeu, l'usager est à la tête d'une civilisation complète qui progresse entre l'âge de pierre (4000 avant notre ère) et la conquête spatiale (2050). Si on est bon, on peut aller plus vite que l'histoire. Mon fils Léonard a sauté tellement d'étapes qu'il a su utiliser l'énergie nucléaire au 19e siècle...

Pour gagner, le joueur dispose d'une main-d'œuvre qui lui fournit les ressources matérielles et culturelles d'un territoire, avec des terrains qui, exploités au profit des cités, fourniront les ressources de base (nourriture, production et commerce). Il accumule des unités militaires dont il aura besoin pour dissuader les agresseurs, se défendre ou attaquer. Le joueur peut défricher des forêts, creuser des mines, construire des fermes. Il fonde des villes annexes à l'aide de bâtiments qui amélioreront la productivité des citoyens. Certains bâtiments sont ordinaires (grenier, port, caserne...), d'autres sont des merveilles mondiales. Une ville peut se consacrer entièrement à la recherche scientifique (la découverte de technologie en est accélérée), investir dans les activités culturelles ou la production de richesse. Le joueur peut conclure des échanges avec les autres civilisations en matière technologique ou économique. On tient compte de la qualité des relations. Si les interlocuteurs sont en bon terme, les échanges seront plus équitables.

Là où c'est vraiment sérieux, c'est quand on recourt aux ressources documentaires. En appuyant sur F2, par exemple, le joueur accède à *Civilopedia*, une encyclopédie en ligne qui informe sur les cultures aztèque, maya, précolombienne, européenne, etc. On peut se renseigner sur la religion, la diplomatie, les personnages qui ont marqué l'histoire, de Ghandi à Moctezuma, en passant par Napoléon, César, Isabelle de Castille, etc.

La simulation offre une occasion de se plonger dans les grands moments de l'histoire humaine. «C'est sans aucun doute un bon moyen de s'initier à l'histoire et plusieurs recherches ont démontré son efficacité. Cela dit, des critiques ont été exprimées : on reproche à la série d'être ethnocentriste et de ne présenter que le point de vue occidental de l'histoire», signale Simon Dor, qui mène des études supérieures sur le sujet.

«Les jeux vidéo n'ont pas que des défauts et leurs vertus doivent être prises en compte, reprend Louis-Martin

Guay. Chez des usagers réguliers, ils améliorent les réflexes, les amènent dans des situations où ils doivent faire des choix rapidement, résoudre des problèmes avec créativité...»

On offre même en France des jeux sérieux aux... gestionnaires. Le site français jeuserieux.fr rapporte que «les salariés peuvent se connecter à tout moment et à distance sur leur compte et simuler, par exemple, un entretien d'évaluation ou une négociation commerciale. Leurs actions sont évaluées en temps réel. Les entreprises aussi sont gagnantes: ces formations ludiques sont appréciées des salariés et souvent moins coûteuses que les ateliers conventionnels.»

Il faut dire que le Québec, et particulièrement Montréal, est un bassin important de créativité en matière d'animation. Selon Hervé Fisher, c'est à l'Office national du film qu'est né le cinéma d'animation moderne avec les Norman McLaren, Roger Jodoin et d'autres. Un Frédéric Bach, qui jouit d'une réputation internationale, a porté aussi ce flambeau. C'est à Montréal qu'a été inventé le cinéma IMAX, à l'occasion de l'Exposition universelle de 1967. C'est à Montréal qu'a été produit *Tony de Peltrie*, le premier court métrage en 3D de l'histoire du cinéma numérique, par Daniel Langlois, Pierre Robidoux, Pierre Lachapelle et Denis Bergeron, marquant aussi un progrès considérable dans l'expression des émotions du personnage synthétique. C'est également à Montréal qu'a été créée la compétition internationale d'animation par ordinateur «Images du Futur», et l'exposition du même nom en 1986, qui ont été uniques au Canada. Plusieurs logiciels d'effets spéciaux pour le cinéma et d'animation par ordinateur les plus réputés y ont aussi vu le jour (Softimage, Discreet Logic, Behaviour, Toon-Boom, Tarna, etc.).

Entrer dans le jeu

Et les consoles du 22e siècle, à quoi ressembleront-elles? Les jeux vidéo seront de plus en plus «immersifs», croit Louis-Martin Guay. On va entrer avec tout son corps dans la machine. Celle-ci représentera une pièce complète tapissée d'images virtuelles. Et pour très bientôt on attend la «WII deuxième génération». Plus besoin d'un instrument qui détecte votre mouvement: le corps et la voix seront reconnus par l'ordinateur.

On peut imaginer des reconstitutions de grandes batailles historiques où le soldat que vous incarnez aura pour mission de sauver un chef d'État. On pourra incarner un patriote durant les Rébellions de 1837 ou un marine américain durant la guerre du Golfe. Ces expériences virtuelles pourraient amener les jeunes à vivre personnellement des moments marquants de l'histoire «comme si vous y étiez».

Mais il faudra attendre quelque temps avant de voir si l'apprentissage peut vraiment converger vers le divertissement. Les jeux vidéo ne sont peut-être, après tout, que le nouveau visage du plaisir ludique. On n'a pas attendu le 21e siècle pour penser allier plaisir et pédagogie. Avec un succès mitigé... «Le succès des jeux sérieux n'est pas acquis! Aucun jeu sérieux n'est encore apparu dans le *top* des ventes. D'ailleurs, dans cette proposition de jeux sérieux, n'y a-t-il pas une contradiction dans les termes? «Le propre du jeu n'est-il pas de subvertir les catégories sociales en vigueur?», écrit le spécialiste du jeu sérieux Laurent Auneau.

Au printemps 2010, des finissants de l'Expo-science Bell assistaient à un atelier là où on forme de futurs concepteurs de jeux vidéo. Pour leur expliquer les rudiments du jeu, on leur a fait construire un prototype de machines à boules fabriqué avec du carton et des élastiques. Il fallait les voir s'amuser comme des fous autour du prototype. Ils s'excitaient à observer la boule rouler sur le carton.

De l'autre côté de la pièce, l'écran à plasma présentant le jeu dernier cri, avec vaisseaux spatiaux et paysages en trois dimensions, n'attirait personne.

Le ballon de soccer et le pistolet à eau sont là pour rester.

Source : http://www.jeuxserieux.fr/

ZOOM

- Le neurocinéma est une branche du neuromarketing – où la résonnance magnétique sert à déterminer les préférences du consommateur et les réactions du cerveau à un produit ou une idée en particulier – qui est appliquée à l'industrie cinématographique, en particulier dans les films d'horreur. Le chercheur observe, par exemple, la réaction du cerveau et surveille les zones activées dans telle ou telle scène, particulièrement dans les bandes annonce[1]. Les designers de jeux veulent appliquer cette technologie à l'industrie du jeu vidéo.
- Le jeu virtuel fait appel à l'intelligence artificielle. Les Sims, par exemple, visaient à créer des communautés humaines virtuelles en 2000. Mais il y en a eu d'autres : Docking Station, Creatures, Alter Ego, Little Computer People. En 2008, on lance Spore, un «simulateur de vie», qui part de l'infiniment petit et se rend à l'infiniment grand. Ce jeu entraîne les joueurs dans un voyage retraçant les origines de la vie, son évolution, la naissance et le développement des civilisations, pour terminer aux confins de l'univers. Le joueur génère une créature et contrôle son évolution dans

1. Source : http://www.wired.com/geekdad/2009/09/neurocinema-aims-to-change-the-way-movies-are-made/#ixzz0lCYigUmL

ses moindres détails depuis l'organisme aquatique unicellulaire au dieu galactique.

- Le site seriousgamesmarket.blogspot.com présente différentes initiatives en matière de jeux sérieux appliqués au marché du travail. Des étudiants en médecine apprennent à interagir avec les patients dans un hôpital et des futurs géologues et opérateurs de l'industrie pétrolière apprennent à faire de la prospection et à creuser des puits dans des nappes souterraines.

LA TÉLÉVISION S'ÉTEINT

Mais l'image animée demeure reine.

La télévision est née en 1926. Elle sera éteinte avant de fêter son premier siècle. «Mais les images animées existeront toujours. Plus que jamais», déclare Gilbert Ouellet, auteur d'un rapport sur l'avenir de la télévision, intitulé *Quand l'audiovisuel s'éclate*[1]. Il y a déjà les images qu'on regarde dans notre cellulaire; celles de l'ordinateur de bureau; de l'ordinateur portable, du iPad et de toute la nouvelle génération de tablettes électroniques... Les «vues animées» seront encore plus éclatées d'ici quelques années. Une grande segmentation de la clientèle est à prévoir.

Des grands perdants? Il n'y en aura guère. On a toujours craint les nouveaux supports médiatiques; on croyait qu'ils supprimeraient les anciens. L'image a toujours gagné. «On appelait les premières soucoupes de satellite dans les années 1980 les "étoiles de la mort". On croyait qu'elles tueraient les productions locales. C'était exagéré. Il n'y a pas eu de catastrophes», dit le spécialiste.

La télé en trois dimensions arrive à grands pas. Les premières télévisions 3D sont déjà en vente et quelques

1. Gilbert Ouellette Sophie Bernard, Charles Prémont, Steeve Laprise, *Quand l'audiovisuel s'éclate*, avril 2010, Radar Services Medias, 94 pages.

matchs de la Coupe du Monde 2010 ont été diffusés dans ce format. En Angleterre, Sky diffuse les matchs de la Premier League en 3D ! Reste à savoir quelle technologie l'emportera chez les techno-téléspectateurs : des lunettes actives, nécessitant des batteries qu'il faut recharger ; des lunettes passives (à verres polarisés) ou encore la technologie sans lunettes grâce au filtre « auto-stéréoscopique » placé sur l'écran[2]. L'avenir nous dira rapidement qui emportera cette petite lutte technologique.

Mon avis, c'est que la télé en 3-D sera un gadget passager ; il sera bien agréable d'y regarder un match important pour se sentir plongé dans l'action mais les informations télévisées n'y gagneront rien. Il semble bien improbable que toute la famille revête ses lunettes le samedi soir pour regarder le remake de *Godzilla* ou *La mélodie du bonheur*.

Sur le Web, on peut déjà sentir le désenchantement de certains usagers. Commentaires des participants au blogue Journal du geek : « J'ai un kit 3D vision depuis quelques mois. Passé le temps du " waouw " (1 semaine, à essayer tous les jeux video et images possibles), le kit commence à prendre la poussière. »

3 avril 2010, 12:19 : « Contrairement à ce que les fabricants et les médias tentent de nous convaincre, je trouve la 3D sans intérêt ! Les lunettes sont pénibles à porter, ça fait mal à la tête, et surtout cela n'apporte rien à la qualité ou à la médiocrité d'un film. »

Vers un flop annoncé de la 3D ? La contrainte des lunettes pourrait condamner la TV 3D à un usage occasionnel peu compatible avec la vie quotidienne. Une étude du

2. Source : Frédéric Kaplan, http://www.atelier.fr/medias-loisirs/4/17022010/avenir-television-3d-immersive-interactive-ipad-frederic-kaplan-39386-.html?rss=2&xtor=RSS-2 ; http://www.journaldugeek.com/2010/04/03/debat-quel-avenir-pour-la-3d-chez-soi/

groupe britannique Informa Telecoms & Media évalue qu'en 2015, seulement 1,6 % des foyers dans le monde posséderont le matériel nécessaire à la réception d'images 3D. Ces 20 millions de foyers constitueront donc le marché de niche de la télévision en relief. Le manque de programmes, les coûts de production élevés, les contraintes de bande passante et le prix d'achat des téléviseurs 3D sont présentés comme les principales raisons de ce manque de succès annoncé[3].

Tendance multiplateforme

Chroniqueur au *Devoir*, Paul Cauchon constate, après avoir regardé en DVD les deux saisons de la série *Rome* de HBO, que le spectateur peut utiliser une fonction permettant d'activer des commentaires historiques sur la société romaine de l'époque. Ces commentaires s'affichent en bas de l'écran pendant que l'on suit l'histoire. En quelques clics, on peut donc s'informer sur la vie des empereurs romains, de leurs maîtresses, leurs ennemis et leurs conquêtes majeures. Voilà qui ajoute une véritable dimension aux productions audiovisuelles.

Ce n'est qu'un exemple anecdotique de toute l'interactivité qui se développe autour du téléviseur. Des lecteurs Blu-ray permettent actuellement d'avoir accès à Internet directement à partir de son téléviseur. Nous entrons dans l'ère du « divertissement branché ». Le mariage entre la télévision et l'accès Internet « représente la prochaine frontière de l'expérience télévisuelle », selon le rapport *Quand l'audiovisuel s'éclate*.

Jadis, il n'y avait que la télé pour nous informer et divertir. Aujourd'hui, les supports se multiplient. Pour survivre, le vieux téléviseur doit maintenant être relié à Internet, sinon il se condamne à la désuétude. Télé et

3. http://www.bestofmicro.com/actualite/27729-3d-sans-lunettes.html

ordinateur convergent déjà. Des familles se passent de téléviseur et se tournent vers leur écran d'ordinateur, sur lequel ils téléchargent la programmation des chaînes de télévision. Pour eux, la télé, c'est fini.

Consumer Electronics Association aux États-Unis, révélait au printemps 2009 que 14,5 millions de consommateurs américains prévoyaient acheter un téléviseur «branché» dans les douze prochains mois. «Pour certains analystes, ce mariage entre la télévision et l'accès Internet représente la prochaine frontière de l'expérience télévisuelle, ce que l'on appelle le divertissement branché», comme le signale Bruno Guglielminetti[4].

Au Québec, le succès d'un site comme Tou.tv marque le début de cette nouvelle ère. Le contenu de ce site provient de la télévision traditionnelle sans les inconvénients des cases horaires. «De tout, quand vous le voulez», dit le slogan sur la page d'accueil. Plusieurs chaines publiques (Radio-Canada, Télé-Québec, TV5, Canal Savoir et d'autres) rendent une partie de leur programmation disponible gratuitement à la demande. Le financement est essentiellement assuré par des *spots* publicitaires apparaissant avant la diffusion du document.

On a vu en trois générations apparaître de tout nouveaux rapports avec le téléviseur. Alors que mes parents, dont l'âge environne les 75 ans, n'ont jamais su se mettre à jour avec l'usage d'une télécommande et d'un magnétoscope, ce qui me désespère depuis l'adolescence, j'entretiens avec les diffuseurs une attitude de baby-boomer. C'est-à-dire que je me réfère aux guides télé distribués dans mon édition hebdomadaire du journal papier, pour connaître l'horaire de mes émissions préférées. À l'heure dite, je

4. Bruno Guglielminetti, «L'univers éclaté de l'audiovisuel québécois», *Le Devoir*, 26 avril 2010.

me présente devant mon appareil et je regarde religieusement le programme.

Mon fils de 15 ans ne regarde le téléviseur qu'au moment où nous louons un DVD. Toutes les émissions qui l'intéressent, il les télécharge dans son ordinateur portable. Il les visionne à l'horaire de son choix.

Lorsqu'il sera adulte, mon plus jeune fils n'aura probablement pas accès à un téléviseur tel que nous le connaissons aujourd'hui, trônant dans une salle familiale. Les écrans seront partout autour de lui sous des formes que nous ne pouvons pas imaginer encore.

Les télévisions ne disparaîtront pas toutes en même temps, car le secteur de la publicité, réputé conservateur, hésite encore à se lancer dans Internet. En investisseurs pragmatiques, les annonceurs envoient leur budget publicitaire là où se trouve le plus grand public. C'est encore beaucoup plus rentable de diffuser une annonce de bière pendant la télédiffusion d'un match de hockey que de sur des sites Web.

Mais la transition est en cours.

Dans *The Chaos Scenario*, Bob Garfield, critique de pub pour le magazine *Advertising Age*, pense que la transition sera douloureuse. Les grandes agences de publicité n'ont pas encore pris le virage mais le feront probablement d'un coup, privant les grands réseaux américains (CBS, ABC, NBC et Fox) de revenus qu'ils considéraient acquis. Il en veut pour preuve le lucratif secteur des petites annonces, qui a rapidement migré des grands médias imprimés vers Internet. Ce changement brutal a privé du jour au lendemain ces médias locaux et régionaux d'importants revenus. Le même phénomène se produira, à très court terme, du côté de la télévision de masse.

Comme le rapporte le chroniqueur Seth Stevenson[5], une télésérie vedette hebdomadaire telle que *The Mentalist* est captée par 3,2 % de la population américaine en 2008. Il y a cinquante ans, *Gunsmoke* (Police des plaines) était suivie chaque semaine par trois fois plus d'Américains. Son point de vue semble plein de sens. En multipliant les sites sur Internet, le fractionnement de l'auditoire observé dans l'espace télévisuel se poursuit sur un autre terrain. On aura encore besoin de contenu, mais l'auditoire n'est plus là où on l'attendait.

Un rapport d'IBM sur l'avenir de la télévision conclut dans le même sens : « La fin de la télévision telle que nous la connaissons. Tel est le sort réservé à un secteur qui se trouve confronté à l'évolution de la demande des consommateurs, au décalage des modèles économiques traditionnels, à la concurrence due à la convergence et à la multiplication des services IP. Les acteurs du secteur télévisuel sont au bord du gouffre : le bouleversement qui s'annonce promet d'être aussi spectaculaire que celui que le secteur de la musique a vécu », peut-on lire dans le document d'experts internationaux publié en 2006.

Je demande à Ouellette, un homme branché, où il investirait 2 millions de dollars demain matin. « Dans du contenu », répond-il sans hésiter. C'était là une des actions prioritaires recommandées par les experts d'IBM : investir dans le contenu.

Comme dirait le poète, qu'importe le flacon, pourvu qu'on ait l'ivresse...

---

5. Seth Stevenson, « La mort de la télévision au programme », 18 août 2009, *Slate Magazine*, slate.fr/story/9277/la-mort-de-la-television-au-programme

ZOOM

- En 2007, Vint Cerf, l'un des pères fondateurs d'Internet, prédit la mort de la télévision. Près de 9 émissions sur 10 que nous regardons sont pré-enregistrées, soutient le vice-président de Google ; pourquoi ne pas les regarder à l'endroit et au moment de notre choix? Aux critiques qui craignent l'effondrement des systèmes si des millions d'internautes téléchargent simultanément des vidéos, Cerf répond qu'on avait les mêmes craintes à la naissance du Web[6].
- Si l'avenir est au contenu, les sociétés investissant dans la création artistique et dans la culture locale sont en bonne position pour se démarquer. Le Québec pourrait bien tirer son épingle du jeu car sa télévision est un véritable phénomène au Canada. Les cotes d'écoute de certaines séries atteignent des sommets en chiffres absolus dans tout le pays, alors que le public canadien anglais s'accommode plutôt bien de la production américaine. Avec des cotes d'écoute de 3 millions de téléspectateurs, la série *Les filles de Caleb*, de Jean Beaudin (1990) est un exemple. *La petite vie*, de Claude Meunier, avec 4 millions de téléspectateurs, est le record à ce jour.

6. http://techno.branchez-vous.com/actualite/2007/08/google_annonce_la_mort_de_la_t.html

LIRE, C'EST L'AVENIR

On n'a jamais tant lu. L'écriture ne disparaîtra pas !

L'écriture est-elle une forme de communication vouée à la disparition devant l'assaut des logiciels de reconnaissance vocale, Skype et téléphones portables? «Aucun danger! Je n'ai jamais tant écrit et tant lu», dit Benoit Melançon, professeur de littérature à l'Université de Montréal. L'écrit est partout. Blogues, Twitter, Facebook, courriels, téléphone cellulaire, e-Reader... «Le futur sans écrit est une utopie semblable à celle de la disparition du papier. Les prophètes de malheur qui voient la fin de l'écriture se trompent.»

L'auteur de l'un des premiers essais publiés au Québec sur les transformations littéraires suscitées par l'ère électronique[1] estime que la technologie amène une nouvelle façon de communiquer. Quand on doit transmettre son message en 140 caractères, pas un de plus, cela influence notre rapport au texte, dit-il. Mais ce n'est pas nouveau. Depuis l'invention de l'écriture, le support influence le contenu. On n'écrivait pas de la même façon sur de la pierre, le parchemin ou les rouleaux.

1. *sevigne@internet, remarques sur le courrier électronique et la lettre*, Fides, 1996.

Même les cris d'alarme sur la qualité de la langue lancés par les traditionnalistes n'émeuvent pas M. Melançon. «Je ne remarque pas de détérioration chez mes étudiants d'une année à l'autre, dit-il. Oui, il y en a un certain nombre qui ne maîtrisent pas très bien les règles. Mais il y en a aussi, à l'autre bout, qui sont excellents en français. Entre les deux, il y a les étudiants dans la moyenne.»

En 2011, la phrase de Marshall McLuhan «Le médium est le message» continue de révéler son sens. Chaque support de la communication électronique appelle son contenu propre. Après avoir touché à tout, Benoit Melançon n'utilise plus Facebook et son expérience du livrel s'est avérée mitigée. Mais il est un «twitter» actif et un blogueur invétéré et les tablettes électroniques pourraient, selon lui, révolutionner le genre. «On aura la convergence entre le livre électronique et l'ordinateur de poche. De plus, avec les tablettes, le format est beaucoup plus convivial que ce qu'on a vu jusqu'ici.»

Objectif numérique

Les grandes institutions n'ont pas attendu le sort des nouveaux appareils de communication pour investir massivement dans la numérisation de documents. L'UNESCO a lancé une Bibliothèque numérique mondiale, et le Projet Gutenberg vise à rendre accessibles les œuvres libres de droits. Dans le domaine de la recherche, on trouve le portail Persée, une collection de revues scientifiques francophones en sciences humaines et sociales ; les Classiques des sciences sociales, une bibliothèque numérique spécialisée en sciences humaines. Même le Québec a sa bibliothèque numérique.

Les ventes de livrels de marque Sony ont représenté 5 millions d'unités en 2009, soit 417 % de plus que les 950 000 unités de 2008, selon une étude de Display Search.

Le livre électronique Kindle d'Amazon détient 66% de ce marché, qui devrait grimper rapidement avec l'apparition du iPad d'Apple et d'autres concurrents[2]. On peut emporter avec soi des centaines, voire des milliers (si on possède une carte mémoire supplémentaire) de livres électroniques. Le coût d'une unité varie de 180 à 300$.

Depuis 2008, le libraire Archambault tient le site jelis.ca qui diffuse de la littérature sous forme numérique. «Actuellement, la vente de livres numériques représente environ 10% des tirages des livres papier», signale Philippe Laperle, directeur des achats et de la mise en marché chez Archambault. Parmi les plus populaires: des guides de voyage et des best-sellers mondiaux. Au Québec, les *Chroniques d'une mère indigne*, de Caroline Allard, ont fait recette.

Comment l'écrit évoluera-t-il d'ici cinquante ou cent ans? «Aucune idée, répond Benoit Melançon. Mais difficile de penser qu'on pourra remplacer un code aussi efficace que l'alphabet: après tout, on en a fait du chemin avec 26 caractères.»

«Dans cinquante ans, on lira toujours, plus que jamais; sur des écrans qui se trouveront sur nos bracelets de montre, nos téléphones et les murs des endroits publics», prédit quant à lui Clément Laberge, vice-président de De Marque. Cet éditeur de la capitale nationale s'est imposé au Québec et en France dans le secteur de la distribution de livres numériques – avec 80% du marché au Québec et le contrat des éditeurs français Gallimard, Flammarion et La Martinière. Clément Laberge, un ancien enseignant qui a étudié la physique à l'université avant de bifurquer vers le monde de l'édition, a su convaincre ses collègues de l'importance d'investir ce nouveau secteur. Cela ne veut pas dire que les impressions sur papier disparaîtront,

2. lesechos.fr, 16 avril 2010.

précise-t-il, mais pour des raisons économiques autant qu'écologiques, le livre électronique prendra de l'ampleur.

En deux ans, De Marque a conquis le marché en permettant d'adapter des fichiers numériques de texte aux besoins des éditeurs. La grosseur des caractères, le renvoi aux pages et le transfert des illustrations ne sont pas les mêmes si on les télécharge sur un téléphone portable, un écran d'ordinateur ou une tablette électronique. Tout un travail d'adaptation, peu connu du grand public, est donc nécessaire avant de proposer un livre en ligne. Sans parler du processus de commerce électronique, essentiel, qui met en relation l'éditeur et le libraire. C'est ce que s'emploie à faire De Marque.

Selon M. Laberge, nous sommes actuellement à la croisée des chemins en matière de distribution numérique. La multiplication des plateformes fait en sorte que la tendance est à la hausse. «On dit que les ventes doublent tous les trois mois. C'est donc de manière exponentielle que le secteur pourrait progresser au cours des prochaines années», souligne celui qui développe actuellement de nouveaux marchés, en Europe. En Italie, où De Marque est présent depuis quelques mois à peine, des dizaines de milliers de livres numériques ont transité par les serveurs de l'entreprise québécoise.

De passage à Montréal pour la journée des magazines, le 22 mai 2010, l'éditeur de *Time Magazine*, Josh Quittner, affirme lui aussi que l'écrit est là pour durer. L'industrie du livre pourrait même être relancée par l'édition électronique. On n'aura pas à payer pour l'impression et la distribution des imprimés. Il y aura économie d'argent et de ressources...

Il rapporte sa conversation avec Kevin Kelly, un futurologue qui annonçait en 2000 la fin de la lecture: «Reading is dead», proclamait-il. Dix ans plus tard il a modifié son pronostic : la lecture va même prendre de l'ampleur « mais sera intégrée dans un monde de plus en plus multimédia : comme les sous-titres dans un film, vous regarderez et lirez en même temps, sans vous en rendre compte[3] ».

D'ici là, il faudra s'attaquer à l'alphabétisation... Selon Statistique Canada, 16 % des adultes québécois âgés de 16 à 65 ans sont analphabètes et 33 % ont de grandes difficultés de lecture...

Lire Dumas sur tablette

Benoit Melançon a lu plusieurs romans sur son livrel e-Reader qu'il a reçu un an plus tôt à l'occasion de son anniversaire. Il trouve l'objet correct mais sans plus. N'a-t-il pas peur de le perdre à la plage? « Je n'apporte pas la Pléiade sur le bord de la mer. »

Pour en avoir le cœur net, au printemps 2010, je me suis baladé une quinzaine de jours avec un lecteur électronique de marque e-Reader, de Sony, prêté par la maison Archambault. C'était ma première expérience avec un véritable livrel. Premier point positif : l'apprentissage se fait en quelques minutes. On n'a pas à être un amateur de gadgets électroniques pour apprendre à manipuler les quelques commandes permettant de choisir son livre, tourner les pages, grossir les caractères, etc. Autre élément réjouissant : on peut avoir avec soi une bibliothèque entière sans s'inquiéter de l'espace disque disponible. On peut télécharger dans le e-Reader PRS 505 quelque 7 500 pages de littérature. De plus, le format est agréable, de la taille d'un livre conventionnel, et pas trop coûteux à l'achat (environ 200 $).

---

3. Josh Quittner, « The Future of reading », *Fortune*, 11 février 2010. http://money.cnn.com/2010/02/09/technology/tablet_ebooks_media.fortune/index.htm

J'ai lu deux livres sur mon livrel : les *Chroniques d'une mère indigne*, de Caroline Allard (Septention, 2008), et *Croquis laurentiens*, du frère Marie-Victorin (Frères des écoles chrétiennes, 1920). Point positif, après quelques pages, j'en suis venu à oublier complètement le support pour me concentrer sur l'histoire. Il y avait un certain inconfort dû au faible contraste mais pas de doute sur l'efficacité du système. Sur une île déserte, il vaut mieux avoir avec soi son e-Reader. Glissez-y tout de même Dostoïevski, Giono, Tournier, Tremblay et quelques polars.

Sur le plan des déceptions, la liste est longue. La première chose à déplorer, c'est son système en circuit fermé. On ne peut pas naviguer sur le Web. De plus, on est vite confronté à la difficulté de lire des lettres noires sur un fond gris. Les inventeurs ont baptisé « encre électronique » la reproduction des textes sur l'écran. C'est inapproprié. Avec un livre si mal imprimé, je me serais approché d'une source lumineuse pour mieux voir. Le livrel n'est pas plus contrasté sous la lampe.

Déception, aussi, au chapitre de l'autonomie. L'appareil ne permet pas de partir en toute confiance dans un endroit éloigné. En principe, l'autonomie est de plusieurs heures mais dans les faits, la pile se vide rapidement. Il faut de toute urgence la rebrancher sur un ordinateur. Et pas de pardon si vous avez oublié d'éteindre votre livrel au moment de vous endormir. Mort le lendemain matin, il devra être rapidement rechargé. Sur l'île déserte, bonne chance !

Corollaire du peu d'enthousiasme soulevé par cet appareil, les livres électroniques sont peu nombreux. Plusieurs ouvrages appartenant au domaine public sont disponibles mais peu de nouveautés téléchargeables au moment de mon expérience.

Globalement, l'essai s'est avéré peu convaincant. Mais il faut savoir que ce e-Reader n'est qu'un des premiers prototypes lancés à grande échelle. Le iPad, dont le problème de contraste est réglé, pourrait être le premier véritable succès de librairie.

Déjà, il y a de nombreux défenseurs de la chose. Bernard Motulsky, professeur à l'UQAM et l'un des grands branchés de ce monde, ne jure que par son iPad. «J'ai relu sans problème les 2000 pages du Comte de Monte-Cristo, d'Alexandre Dumas, l'été dernier.»

Je garde de cette expérience la certitude que le livrel est possible même pour un vieux réactionnaire (en matière de lecture) comme moi. Le fait qu'on en vienne à oublier le support pour se concentrer sur la matière est la preuve qu'un jour viendra où un livrel efficace conquerra les sceptiques. Après tout, les problèmes ne sont pas insurmontables. Le iPad pourrait être ce fameux livrel qui percera le marché, relançant l'édition qui en a bien besoin. D'ailleurs, le livre que vous tenez entre les mains a été publié en même temps sur papier et en numérique!

Reste entier le problème du contrôle des éditeurs électroniques, dont les médias ont fait mention dès 2009. Des milliers de lecteurs de deux romans de George Orwell (*1984* et *La Ferme des animaux*) ont vu subitement disparaître leur dossier électronique de leur tablette lorsque l'éditeur a eu un différent avec les héritiers de l'auteur de *1984*. Amazon, qui avait légalement vendu des exemplaires numérisés du célèbre roman, a effacé les œuvres des tablettes sans en aviser les lecteurs qui ont perdu subitement l'usage de leur bien, ainsi que les annotations de leur main. Bien qu'ils aient été remboursés du prix d'achat, les consommateurs ont été nombreux à dénoncer cette mainmise digne de Big Brother.

Si les porte-parole d'Amazon ont admis au *New York Times* que l'intervention n'était pas appropriée[4], on peut s'interroger sur cette possibilité technique. En admettant que l'Église d'autrefois ait pu modifier les livres imprimés, on peut se demander ce qu'il serait resté des livres qu'elle plaçait à l'index après une évaluation sommaire et hautement subjective de leur valeur morale. Voilà une chose que l'invention de Gutenberg n'aurait pas rendu possible. Ce qui est imprimé l'est à jamais dans sa forme originale, et à moins de brûler tous les livres, vous pénétrez directement dans l'acte de création. Comme disent les Anglais: «What you see is what you get».

Mais il ne faut pas jeter le bébé avec l'eau du bain. La grande majorité des éditeurs électroniques (dont les québécois) ne garde pas contact avec leurs clients après la transaction; nul danger de voir ainsi disparaître le roman que vous avez acquis quelques semaines plus tôt.

«Cet événement marquera l'histoire de l'édition électronique, mentionne Clément Laberge. C'est d'une ironie extraordinaire que ça soit tombé sur le célèbre roman de George Orwell.»

---

4. Brad Stone, «Amazon Erases Orwell Books From Kindle», *New York Times*, 17 juillet 2009.

ZOOM

- Philippe Laperle, de chez archambault.ca, signale que le secteur des livres électroniques est en hausse. Mais le Québec semble un peu en retard sur le reste de l'Occident à ce chapitre.
- Écrire à la main soulage, aide à développer un sentiment de solidarité et peut même sauver des vies. Une polyvalente de la banlieue de Montréal a mis sur pied une «Semaine du mieux-vivre» durant laquelle les élèves étaient invités à écrire à leurs camarades et à leurs professeurs afin «de briser l'isolement qui conduit certains jeunes au suicide». Les 1325 élèves de l'école Horizon-Jeunesse de Laval ont ainsi échangé pas moins de 14000 lettres durant la dernière semaine d'avril 1993, ce qui a fait dire au psychologue responsable du «Courrier Horizon» qu'il y avait chez les élèves un «engouement incroyable» pour cette activité[5].

5. Richard Hétu, «La "semaine du mieux-vivre": un prétexte à la réconciliation au moyen d'une lettre», *La Presse*, 1er mai 1993, p. A4.

INTERNET POUR LA DÉMOCRATIE

La communication peut aider à l'instauration d'un monde plus juste.

Pour le philosophe des sciences, Frédéric Bouchard, la démocratisation du savoir pourrait redonner du souffle à une vision positive de l'avenir. «Les télécommunications rendent l'information scientifique disponible à un nombre croissant de personnes à travers le monde. Celles-ci peuvent être interpellées par des problèmes concrets qui les touchent directement. Plus on est nombreux à s'intéresser à un problème, plus on augmente nos chances d'y trouver une solution.»

C'est après avoir reçu des demandes d'informations de tous les coins de la planète – notamment du Brésil – que le professeur Bouchard du Département de philosophie de l'Université de Montréal a réellement pris conscience que les télécommunications pouvaient être une des percées les plus spectaculaires de la science moderne. Aujourd'hui, on sait dans l'heure qu'un tremblement de terre a secoué les Antilles; qu'une inondation menace l'Australie ou que le pape a été bousculé. Le logiciel Skype permet aux individus de communiquer sans frais d'un continent à l'autre et les téléphones cellulaires se multiplient dans les pays en développement.

Les télécommunications: voilà un secteur où la science et la technologie ont livré leurs promesses au-delà des espérances.

Celles-ci ne libéreront peut-être pas comme par magie des tyrans les peuples soumis aux régimes totalitaires, mais elles rendront possible la circulation des idées. On l'a vu dans la République islamique d'Iran en 2010 alors que des opposants au régime du président Mahmoud Ahmadinejad ont utilisé des réseaux virtuels pour faire connaître leurs points de vue dissidents. Les autorités ont répliqué en décuplant les budgets dévolus à ce qu'il est convenu d'appeler la cyberguerre. Le *Courrier international* rapporte, fin 2010, la nouvelle suivante: «Alors que les adversaires de Mahmoud Ahmadinejad se tournent de plus en plus vers Internet, de nombreux sites Web supposés "anti-président" ont connu des blocages par intermittence. Dès l'annonce officielle des résultats du scrutin présidentiel, Reporters sans frontières dénonçait "une censure massive" des sites "proches des réformateurs", qui ont été "filtrés par l'État". Mais certains internautes déjouent la censure en utilisant des adresses de serveurs relais "proxy" pour masquer l'adresse IP de leurs ordinateurs. Pour le régime iranien – dont les sites Web sont plus discrets –, la coupure du réseau apparaît comme la principale arme dans la bataille d'Internet[1].»

La fuite du dictateur de Tunisie, Zine el-Abidine Ben Ali, après 23 ans de pouvoir, aurait été impossible sans les réseaux sociaux. «Sans Internet, et Facebook en particulier, jamais le mouvement de révolte en Tunisie n'aurait pris une telle ampleur», signale la journaliste du *Devoir*, Isabelle Porter, au lendemain de l'annonce du renversement de régime. Il y aurait plus de 2 millions de

1. Nasrin Alavi, «La cyberpropagande bat son plein», *Courrier international*, nº 1051-1052, 22 décembre 2010, p. 13.

Tunisiens connectés sur Facebook, ce qui ferait de la Tunisie un des pays les plus branchés de la terre[2].

En Chine, le gouvernement a très mal accepté l'attribution du prix Nobel de la paix à Liu Xiaobo, un dissident emprisonné par l'État. En dépit des efforts du gouvernement pour contrôler l'information, un nombre grandissant de citoyens échangent des informations par la toile en court-circuitant les mécanismes de l'État censeur. L'un d'entre eux, Wen Yun Chao, a reçu un prix des Droits de l'homme de la République française. « Sous le pseudo de "Beifeng" (Vent du nord), cet écrivain, père de famille et ex-ingénieur informatique, est l'incarnation d'une nouvelle génération de dissidents. Virtuose d'Internet, il maîtrise toutes les ficelles pour diffuser des informations interdites », écrit Jordan Pouille, dans la revue *Marianne*[3]. L'homme de 39 ans organise annuellement un rassemblement des blogueurs rebelles pour faire le point sur les moyens de contourner ce qu'il qualifie de « grande muraille de la censure ».

En matière de recherche, on peut penser que des travaux intellectuels avanceront hors des grands centres grâce aux moyens de communication. « Il ne faut pas sous-estimer ce que peut accomplir la démocratisation du savoir », dit Frédéric Bouchard, spécialiste de la biologie théorique et de la théorie de l'évolution.

La science est empreinte de pessimisme après avoir longtemps suscité des espoirs démesurés. Mais l'humanité possède les outils pour régler les problèmes qui se posent devant elle. La contribution de tous les acteurs de la sphère publique est essentielle, croit le philosophe. « Il existe des solutions technologiques au réchauffement de la planète.

2. Isabelle Porter, « Ben Ali battu par Facebook », *Le Devoir*, 15 janvier 2011.
3. Jordan Pouille, « Won Yun Chao, un blogueur récompensé par la France », Revue *Marianne*, 11 décembre 2010, p. 71.

On les connaît. Mais ces solutions ne s'appliqueront pas par la science seule. Elle a plus que jamais besoin du pouvoir politique et de la force économique.»

Optimiste, le philosophe pense qu'on trouvera d'ici le prochain siècle une combinaison de sources énergétiques qui réduiront notre dépendance aux énergies fossiles. Le solaire et le biodiesel sont prometteurs. On pourra aussi assister à des percées en matière de traitement du cancer, estime-t-il.

L'histoire des sciences démontre que, pour être significatives, les grandes percées scientifiques se caractérisent par un large impact à un faible coût. Un exemple? La vaccination. «Elle a révolutionné la santé mondiale», illustre Frédéric Bouchard.

Prométhée numérique

Il ne faut pas sous-estimer l'impact des réseaux sociaux sur l'évolution des sociétés humaines, estime quant à lui le philosophe Hervé Fischer. «Facebook et Twitter disparaîtront probablement d'ici quelques années mais les réseaux sociaux, eux, resteront sous diverses formes», dit l'auteur de *CyberProméthée*[4].

L'exemple de la contestation de régimes totalitaires n'est qu'une des manifestations concrètes des «nouvelles solidarités» qui voient actuellement le jour, explique-t-il en entrevue. Il ajoute que l'élection historique de Barack Obama, due en partie à son immense réseau de soutien sur Internet, marquera l'histoire de la démocratie. La mise au jour, en 2010, des informations diplomatiques confidentielles, par le site WikiLeaks et son créateur, Julian Asssange, pourrait avoir un impact similaire. Après avoir été la cible d'attaques visant sa fermeture, WikiLeaks a vu des milliers de défenseurs anonymes se lier pour lui assurer une voie

4. Hervé Fischer, *CyberProméthée*, VLB Éditeur, 2003.

de contournement. Ce sont là des manifestations concrètes en faveur de la liberté d'expression et de la libre circulation des idées.

Il est vrai que la personne qui manipule le clavier et la souris devant un ordinateur est plus individualiste que jamais. Mais son rapport au monde s'est beaucoup élargi car l'écran qu'il regarde est une fenêtre sur l'humanité en marche. «Nous sommes plus près que nous le pensons d'une véritable conscience planétaire», dit Hervé Fischer, intellectuel prolifique qui a beaucoup contribué, au cours de sa carrière, à la diffusion des connaissances scientifiques et des arts contemporains dans la francophonie.

«Le monde numérique se présente donc aujourd'hui comme le recours, la nouvelle utopie du IIIe millénaire, qui promet de réussir, cette fois grâce à la révolution technologique, là où les utopistes du XIXe siècle avaient lamentablement échoué avec leurs révolutions politiques», peut-on lire dans *CyberProméthée*. (p. 19)

Il nuance cependant ce point durant l'entretien. «Internet est capable du meilleur et du pire. On peut voir de tout sur Internet, y compris des morts violentes et des vols. Un jeune homme ébranlé d'avoir vu sa vie privée étalée sur un site a décidé de se suicider en ligne aux États-Unis. C'est épouvantable. Une plus grande puissance devrait appeler un plus grand encadrement.»

L'immaturité des consciences collectives est un «mal perpétuel», selon lui, et Internet n'a pas vaincu l'instinct belliqueux de l'humain. «Les nations se battent comme des enfants dans les cours de récréation. [...] La barbarie n'est pas moindre aujourd'hui que jadis; chaque guerre, chaque conflit, même dans les pays qui se prétendent les plus évolués, européens ou nord-américains, la réveille aussitôt.» (p. 37)

D'autre part, Internet ne sélectionne pas les idées selon leur crédibilité. Résultat: «le numérique favorise un fantastique retour à la pensée magique, que le rationalisme croyait avoir rejetée au rayon des oripeaux. Et cette magie spectaculaire, convaincante, extrêmement efficace est accessible à tous et pas seulement à quelques chamans jaloux de leurs secrets et de leurs privilèges.» (p. 97)

Malgré tout, c'est dans la pensée rationnelle qu'il faut voir une possibilité de salut. Pour le philosophe, qui voit dans le numérique le même feu de la connaissance que Prométhée a volé aux dieux grecs pour permettre aux hommes de gouter à l'instinct de puissance, une grande responsabilité incombe aux chercheurs qui ne doivent jamais oublier leurs responsabilités collectives. «Les scientifiques prennent aujourd'hui de plus en plus conscience de leurs responsabilités et de la nécessité de partager avec le public leurs questions, leurs découvertes, leurs émerveillements et même leurs angoisses. La science et la technologie sont œuvres de culture, expression de l'humain, et doivent être reconnues à part entière dans notre humanisme, écrit-il. [...] Dans notre nouvelle société du savoir, chaque gouvernement et les grandes entreprises privées ont aujourd'hui une obligation d'éducation scientifique et technologique.»

Il n'en reviendrait pas seulement aux écoles de former les jeunes en matière de culture scientifique mais à l'ensemble de la société. Fisher suggère d'imposer une contribution ou un incitatif fiscal de 1% du montant de «tous les contrats, subventions ou prêts sans intérêts des gouvernements à des entreprises de haute technologie» envers des projets de culture scientifique. Cette mesure contribuerait à mieux encadrer notre nouvelle puissance liée au monde numérique.

ZOOM

- ✧ Septembre 1969 : quatre ordinateurs sont branchés au réseau Arpanet au Stanford Research Institute. En 1971, ils sont 23. En 1976 le réseau atteint 111 machines et, en 1985, près de 2 000 ordinateurs constituent le réseau. En 1990, alors qu'on compte 300 000 machines, Tim Barnes-Lee crée le World Wide Web, dont on retiendra vite l'abréviation. C'est le véritable décollage d'Internet. Cinq ans plus tard, 15 millions d'ordinateurs sont connectés et ce chiffre atteint 100 millions en 2000. Le milliard est dépassé en 2006 et ce chiffre est doublé deux ans plus tard[5].
- ✧ Selon le Journal du Net, on recensera en 2011 plus de comptes de messageries (professionnels, personnels et réseaux sociaux) dans le monde que d'individus – un utilisateur peut disposer de plusieurs comptes de messagerie. Entre 2010 et 2014, la croissance des comptes de réseaux sociaux devrait grimper de 71 %[6].

5. Étienne Mineur, fluctuat.net/ « 10 points concernant l'évolution du design interactif ».
6. http://www.journaldunet.com/solutions/intranet-extranet/comptes-de-messagerie-en-2010-2014.shtml

MOURIR ? NON MERCI !

L'humain aspire à l'immortalité. Il y croit de plus en plus.

L'humanité connaîtra-t-elle l'immortalité? «Je ne le crois pas, répond la sociologue Céline Lafontaine, auteure de *La société post-mortelle*, paru en 2008 au Seuil et finaliste à l'un des prix du gouverneur général du Canada. Pour moi, il n'y a pas plus de raisons de croire à l'immortalité qu'à la résurrection du Christ.»

L'immortalité est pourtant à la base du mouvement transhumaniste, qui réunit environ 6000 personnes d'un bout à l'autre de l'Occident, dont 350 au Canada. Selon l'Association transhumaniste mondiale, ce courant veut «surmonter nos limites biologiques par les progrès technologiques». Ses adeptes cherchent à «développer les possibilités techniques afin que les gens vivent plus longtemps et en santé tout en augmentant leurs capacités intellectuelles, physiques et émotionnelles».

Le transhumanisme n'est pas une religion mais s'appuie sur des croyances qui sont actuellement sans fondements, commente la professeure Lafontaine au cours d'un entretien téléphonique de Nantes, en France, où elle poursuit sa réflexion sur l'impact de la science dans la société. Les limites physiques du corps humain, d'après les connaissances actuelles, ne devraient pas dépasser 120 ans.

«Les transhumanistes ne sont pas des fous, précise le journaliste Antoine Robitaille qui a assisté à un de leurs congrès, en 2004, à Toronto, dans le cadre d'une recherche pour un livre paru en 2007 chez Boréal, *Le Nouvel homme nouveau*. Plusieurs sont des scientifiques crédibles à l'emploi de grandes universités ou à la tête d'équipes de recherches subventionnées.»

Il cite par exemple le spécialiste des nanotechnologies et administrateur du Massachusset Institute of Technology, l'Américain Raymond Kurzweil, et le Britannique Audrey de Grey, détenteur d'un doctorat de l'Université Cambridge. Le premier estime que la médecine du futur ne se limitera pas aux maladies quand les symptômes apparaîtront mais aura vaincu le processus de vieillissement. Le second a lancé en 2003 le concours de la souris Mathusalem, visant à encourager la lutte aux outrages du temps. But: faire vivre une souris de laboratoire le plus longtemps possible.

Une technologie utopiste prisée par les transhumanistes consiste à faire congeler son corps, peu après la mort, dans l'espoir d'être un jour réanimé. Ce projet qu'on nomme «cryonie» ou «cryogénie» a ses adeptes, ses associations, ses entreprises et ses clients prêts à payer d'importantes sommes. «Alcor est l'une des cinq entreprises, toutes américaines, qui offrent des services de cryonie, la congélation en vue de la réanimation. 697 "membres" d'Alcor, qui attendent de subir le même sort que les 67 "patients" actuels (mais aussi 26 animaux domestiques congelés): c'est ainsi que l'entreprise désigne les corps qu'elle conserve dans de grands cylindres pleins d'azote liquide à –196 °C [...] Pour la conservation de l'ensemble du corps, c'est 150000 dollars», écrit Antoine Robitaille[1].

1. Antoine Robitaille, «La mort suspendue – cinq entreprises américaines offrent actuellement des services de cryogénie», *Le Devoir*, 4 janvier 2005.

La cryonie et la survie du cerveau dans des machines seraient des chimères technologiques? «D'un point de vue sociologique, la popularité de ces idées et les sommes colossales investies dans ces recherches, tout le combat acharné contre la mort mérite qu'on s'y arrête car ça en dit beaucoup sur nous-mêmes», estime Mme Lafontaine.

Antoine Robitaille abonde dans le même sens. «On n'a qu'à regarder les annonces de produits antirides pour constater que nous sommes déjà dans une sorte de transhumanisme. L'animatrice et auteure Janette Bertrand disait à la télévision l'autre jour qu'elle se sentait encore jeune à 83 ans. Certains idéaux transhumanistes font partie de notre quotidien.»

Si on peut en rire, un réel danger guette pourtant, poursuit la sociologue. Celui d'appuyer les utopies sur des faits scientifiques. «Cela s'appelle le scientisme», dit-elle, faisant référence à ce courant né au 18e siècle et voulant «organiser scientifiquement l'humanité», selon Ernest Renan.

L'allongement de l'espérance de la vie humaine – environ 30 ans, en moyenne, depuis la Seconde guerre mondiale – rappelle-t-elle, n'est pas principalement dû à la médecine moderne. «Ce sont la diminution de la mortalité infantile, les mesures d'hygiène et la meilleure alimentation qui sont les principaux responsables de ce phénomène.»

Certains chercheurs sont certainement des transhumains qui s'ignorent. Le biologiste français Jean Rostand, notamment, disait à la fin de sa vie: «Si l'on avait consacré aux recherches en biologie toutes les sommes consacrées aux budgets militaires de tous les pays, la question de l'immortalité ou au moins de la jouvence éternelle serait déjà réglée.»

De son côté, le physicien Stephen Hawking estime que les scientifiques pourraient parvenir à créer des hommes génétiquement modifiés, supérieurs. «L'évolution darwinienne travaille beaucoup trop lentement à améliorer notre matériel génétique. Pour moi, notre seul espoir sur ce sujet repose sur la génomique. Avec quelques modifications ponctuelles, nous pourrions augmenter la complexité de notre ADN et ainsi améliorer l'homme.»

Hui Fang Chen, chercheur à l'Hôpital Notre-Dame à Montréal, ne condamne pas les compagnies comme Alcor: «les scientifiques ont besoin de rêves», plaide-t-il en rappelant qu'il y a 100 ans, plusieurs se seraient moqués de ceux qui auraient annoncé qu'on irait sur la Lune.

Accepter la mort ?

Un autre point de vue, radicalement différent, propose d'apprivoiser la mort et de mettre en quelque sorte un point final au progrès médical. Prolonger la vie, c'est peut-être un défi technique réalisable, mais tous ne croient pas que ce soit moralement justifié.

Selon le démographe Jacques Légaré, le vieillissement que connaissent les sociétés nord-américaines ne doit pas faire oublier que les soins de santé ont un coût. Et qu'il faudra bien, tôt ou tard, s'interroger sur la médicalisation de la mort et des dernières années de la vie. «Nous ne pourrons plus engager autant d'argent dans la médecine spécialisée, alors que c'est dans le soin direct aux malades que résident les plus grands besoins», affirme-t-il. Les investissements en recherche qui atteignent les dizaines de millions de dollars ne sont pas dirigés vers les soins directs aux gens dans le besoin. C'est là que le manque est le plus criant, estime-t-il.

Il entretient la conviction que le système de santé public sera radicalement différent d'ici quelques décennies.

Moins coûteux, plus humain... «En anglais, on parle de *caring* plutôt que de *curing*. On pourrait traduire ces expressions par le fait de prendre soin des gens malades plutôt que tenter de leur prolonger la vie à tout prix.»

À son avis, il est temps de cesser d'investir dans des appareils médicaux et des traitements coûteux afin de prolonger la durée de vie de patients très malades, dans des conditions parfois indignes. Il donne l'exemple de certains pays où on s'est tourné vers le financement de l'aide à domicile.

Partisan ouvert de l'aide au suicide, il estime légitime pour une personne consciente de demander à un professionnel d'abréger ses souffrances dans les règles de l'art. De même, il croit que les investissements massifs dans le traitement du cancer, ou dans des technologies de pointe comme le cœur artificiel sont injustifiées. «Qu'une personne de 72 ans meure d'un cancer, c'est dommage mais ce n'est pas un drame. Il faut bien mourir de quelque chose. Avec le vieillissement de la population, il va falloir faire des choix.»

Ce discours, courageux, fera hurler les partisans de la science en marche, qui voient le progrès comme une course à laquelle il n'y aura jamais de fin. Il s'attend à être qualifié d'obscurantiste mais il persiste et signe. «Avec une espérance de vie de 80 ans en moyenne, le Canada offre une bonne qualité de vie pour ses citoyens. Je n'ai pas l'intention de rajouter des années à ma vie mais de la vie à mes années. Je mourrai satisfait», dit ce pédagogue qui poursuit son travail d'universitaire, bien longtemps après l'âge normal de la retraite.

ZOOM

- ✧ Ce sont les médecins qui ont redéfini la mort pour permettre légalement les transplantations d'organes. Une équipe de Harvard, en 1968, a proposé que la vie stopperait avec l'arrêt de l'activité cérébrale, et non du cœur ou de la respiration, de manière à permettre l'ablation d'organes dans un corps qui n'aurait plus de valeur légale. Cette modification avait fait scandale. Encore aujourd'hui, les Japonais n'adhèrent pas à cette définition. Mais dans de nombreux pays, dont le Canada, elle a force de loi. Un être qui respire et dont le cœur bat peut être considéré comme «mort» si l'électroencéphalogramme montre l'absence d'activité cérébrale.
- ✧ La «mort naturelle» n'existe plus. Sur un dossier médical, il y a toujours une cause à la mort. On peut penser que si les chercheurs et les médecins parviennent à éliminer toutes les causes de décès, une après l'autre, la mort sera réellement vaincue!
- ✧ L'euthanasie, que le Québec semble de mieux en mieux accepter, n'est pas en contradiction avec le discours des posthumains. Ce qu'ils veulent, c'est en finir avec la «tyrannie» de la mort non choisie.
- ✧ Le corps de Walt Disney congelé, c'est un mythe plusieurs fois démenti par sa famille. Il a été incinéré et ses cendres ont été placées dans un cimetière de Los Angeles.
- ✧ Les arbres les plus vieux du monde peuvent vivre durant cinq millénaires individuellement. L'animal le plus âgé est quatre fois centenaire; certains reptiles approchent les deux siècles. L'être humain

a officiellement dépassé les 120 ans d'espérance de vie en 1995, grâce à un seul et unique représentant d'espèce, français. Enfin, certains animaux tel l'axolotl meurent sans avoir physiologiquement vieilli. Certains aimeraient bien connaître sa recette.

LA FIN DU MONDE

Elle s'en vient, d'accord. Mais en quelle année ?

Croyez-vous à la fin du monde? Vous devriez. Elle est programmée dans notre système planétaire depuis son apparition dans la Galaxie. Le Soleil, né il y a 4,5 milliards d'années, s'éteindra dans 5 milliards d'années. Il explosera et deviendra une naine blanche, de moins en moins lumineuse. Toute vie va disparaître avec lui. La Terre ne sera plus qu'une poussière dans l'univers.

Quand les futurologues parlent de fin du monde, ils font évidemment allusion à un événement qui surviendrait un peu plus tôt, à l'échelle de notre propre existence de Terrien – quelle malchance tout de même. Il y a eu d'innombrables prédictions, le plus souvent venues de devins, d'astrologues ou autres amateurs de pseudoscience. Le plus récent est une interprétation hautement discutable du calendrier maya. Elle prédit la fin du monde le 12 décembre 2012. En 2009, Columbia Pictures en a fait un film: *2012*, de Roland Emmerich. Tout s'écroule, les continents sont inondés, la statue de la Liberté se noie; c'est l'apocalypse.

Comme l'écrit l'anthropologue Daniel Baril, cette date circule depuis plus de 20 ans dans la littérature nouvel âge. Or, les astronomes ne voient rien d'inhabituel en 2012. «Cette idée semble avoir pour origine les écrits de l'astrologue John Major Jenkins, qui a parlé d'un alignement de la Terre et du Soleil avec le centre de la Galaxie. Mais un tel alignement survient deux fois par année, soit à chaque solstice! Nous avons par ailleurs connu un alignement planétaire le 5 mai 2000 et... il ne s'est rien passé[1].»

L'alarmisme de l'interprétation hollywoodienne frappe à ce point l'imagination que la NASA a cru nécessaire d'appeler la population à garder un œil critique sur de tels scénarios de science-fiction.

En s'appuyant sur les connaissances les plus avancées actuellement, la science prévoit la fin du monde par des hypothèses bien étayées. Deux possibilités sont évoquées: un événement graduel, où les organismes vivants disparaissent peu à peu, ou un événement subit, cataclysmique.

Dans le premier cas, la biodiversité s'étiole graduellement au point de compromettre la reproduction des mammifères, dont nous sommes. On appelle ce phénomène extinction massive (voir La septième extinction). Elle est provoquée par la pollution atmosphérique, l'épuisement des ressources, le réchauffement climatique et d'autres événements mortels pour des millions d'organismes. «Le taux d'extinction d'espèces à l'heure actuelle est estimé entre 100 et 1 000 fois plus élevé que le taux moyen d'extinction qu'a connu jusqu'ici l'histoire de l'évolution de la vie sur Terre, et est estimée à 10 à 100 fois plus rapide que n'importe quelle extinction de masse précédente» calculent des spécialistes anglais J.H. Lawton et R.M. May.

Dans ce scénario, il y a fort à parier que certains mollusques, insectes, méduses, plus résistants, subsisteraient.

---

1. Voir aussi Daniel Baril, «Fin du monde en 2012: les Mayas l'avaient prédit!», *Forum*, 12 novembre 2009.

Sans parler des végétaux, des champignons. Même sans humains, la vie ne serait pas complètement rayée de la carte du monde. Les biologistes savent que certaines espèces n'ont presque pas changé de forme depuis qu'elles sont apparues il y a des millions d'années. Elles sont ce qu'on appelle des espèces fossiles. On peut s'attendre à ce qu'elles survivent facilement aux derniers humains.

Même les discours les plus alarmistes sur les effets de l'activité humaine ne prévoient pas une fin du monde rapide si on retient ce scénario. Plusieurs générations d'hommes et de femmes ont le temps de procréer encore. N'annulez pas votre abonnement au théâtre.

La fin du monde cataclysmique serait plus spectaculaire. Elle serait provoquée par un événement à l'extérieur ou à l'intérieur de la Terre. Une attaque extraterrestre ou un anéantissement autogéré, en somme.

La collision d'un objet extraterrestre n'est pas exclue par les scientifiques. L'astéroïde 99942 Apophis, découvert en 2004, mesure environ 270 m de diamètre et pèse 27 millions de tonnes. Selon les premiers calculs, l'objet pourrait croiser l'orbite de la Terre en avril 2029. Même si la collision était jugée «peu probable», la NASA a alerté son réseau de détection au sol. D'autres calculs effectués en 2005 ont repoussé la date de croisement des deux orbites au mois d'avril 2036. Également connu sous le nom d'Apep, le Destructeur, Apophis est le dieu égyptien du mal et de destruction qui habitait dans les ténèbres éternelles. De nouveaux calculs datés de 2008 ont écarté un peu plus le risque de collision avec une chance sur 45 000 que l'objet entre en contact avec la Terre le 13 avril 2036[2].

La Terre est-elle un «Titanic spatial» pouvant percuter fatalement un astéroïde errant, comme le craint Anatoli

2. Notre planète-info, http://www.notre-planete.info/actualites/actu_479_asteroide_2036_Terre.php)

Zaïtsev, directeur général du Centre russe de défense planétaire? «Nous savons les conséquences d'une telle collision, mais à la différence du *Titanic*, nous n'avons pas de canots de sauvetage», déclarait M. Zaïtsev à une sous-commission du Comité des Nations Unies des utilisations pacifiques de l'espace extra-atmosphérique, en février 2010. Selon lui, pour éviter la catastrophe, il faut créer sans tarder un bouclier anti-astéroïde mondial[3].

La guerre nucléaire est une autre possibilité réelle. Les arsenaux militaires ne sont pas désamorcés et on peut croire qu'une crise politique pourrait encore dégénérer en conflit mondial.

On connaît le scénario d'une guerre atomique : en plus de l'effet immédiat (onde de choc, brûlures, effondrements d'immeubles, raz-de-marée, tsunamis, etc.), il y a l'effet à long terme, dont l'hiver nucléaire. Comment vivre dans un espace qui subit l'absence de Soleil, par exemple. Il y a aussi des effets sur la population irradiée : l'altération des cellules germinales provenant de l'irradiation externe, ou interne, c'est-à-dire provoquée par les éléments radioactifs incorporés au corps. Mutations ou lésions chromosomiques délétères qui menacent la filiation.

La fin du monde pourrait aussi provenir du centre de la Terre. Si on connaît bien les conséquences planétaires de l'irruption de certains volcans majeurs (parlez-en aux voyageurs bloqués au printemps 2010 par les nuées grises du volcan islandais Eyjafjöll), celles d'un supervolcan sont plutôt méconnues. Un supervolcan produit des éruptions si importantes qu'elles peuvent avoir des effets cataclysmiques pour le climat et la vie sur Terre. La plus récente explosion répertoriée d'un supervolcan date d'environ 26 500 ans. C'était au lac Taupo en Nouvelle-Zélande. Si une éruption

3. http://www.notre-planete.info/actualites/actu_2286_Terre_Titanic_spatial.php)

se produisait aujourd'hui, elle pourrait avoir raison de l'humanité...

Les supervolcans ne font pas consensus chez les spécialistes mais les géologues définissent ainsi les explosions exceptionnelles en violence et en volume. L'US Geological Survey l'applique aux éruptions qui rejettent plus de 1 000 km^3 de débris en une seule explosion – cinquante fois le volume de l'éruption de 1883 du Krakatoa, en Indonésie, qui tua plus de 36 000 personnes. « Les volcans forment des montagnes ; les supervolcans les détruisent. Les volcans tuent plantes et animaux à des kilomètres à la ronde ; les supervolcans menacent d'extinction des espèces entières en provoquant des changements climatiques à l'échelle planétaire. »

Un documentaire sur le sujet, *Supervolcano*, a été diffusé sur la BBC en mars 2005 en Grande-Bretagne puis dans d'autres pays. Le film comportant un volet fictif voulait démontrer les effets qu'aurait l'explosion du supervolcan de Yellowstone. Selon ce reportage, l'éruption pourrait potentiellement recouvrir l'ensemble des États-Unis d'un centimètre de cendres volcaniques, causant des destructions massives à proximité et détruisant végétation et faune à travers le continent.

Une autre possibilité théorique est ce qu'on appelle l'inversion des pôles, un phénomène qui aurait lieu régulièrement durant des périodes allant de la dizaine de milliers à de nombreux millions d'années. En moyenne, les pôles s'inversent tous de 250 000 ans environ.

Le champ magnétique terrestre, qui nous protège du vent solaire, est actuellement affecté. Certains pensent qu'il s'agit du début de l'inversion des pôles. Mais il n'y a pas consensus là non plus.

Au cours de l'histoire, au moins une fois, le champ magnétique a gardé une direction constante pendant

30 millions d'années. Par contre, cette inversion pourrait survenir dès demain.

La bible évoque la fin du monde dans son chapitre sur l'Apocalypse: «Les hommes rendront l'âme, de peur». Épitre de Paul: «Les cieux passeront avec un bruit sifflant, et les éléments embrasés seront dissous, et la terre et les œuvres qui sont en elles seront brûlées entièrement.

ZOOM

✧ *Scientific American* a publié en 2010 un spécial sur les 12 événements qui vont changer le monde[4]. Parmi les possibilités, certaines mèneront à la fin du monde: pandémie mondiale, collision météoritique, guerre nucléaire, fonte des pôles. Mais d'autres amélioreront notre sort ou notre niveau de vie: découverte d'une quatrième dimension; robotique; vie artificielle, nouveaux superconducteurs, etc. À lire.

4. Charles Q. Choi *et al.* «12 events that will change everything», *Scientific American*, juin 2010, p. 36-48.

POSTFACE

Sait-on jamais...

J'ai interviewé, un matin d'hiver, une religieuse de 75 ans installée en Côte-d'Ivoire, et elle m'a demandé si j'utilisais le logiciel Skype. «Ça nous coûterait moins cher et on pourrait se voir», a-t-elle dit le plus simplement du monde.

Je me suis initié ce matin-là à la visioconférence, mode de communication qui a longtemps été une icône de la science-fiction. Cette technologie est aujourd'hui accessible gratuitement d'un bout à l'autre de la planète. Souvent j'appelle ma sœur à Paris et nos enfants se parlent et s'envoient la main.

En pleine taïga, quand on veut réunir les jeunes du village cri de Waskaganish, dans la municipalité de la Baie-James, les administrateurs scolaires leur envoient un texto. «C'est la meilleure façon de les joindre», confirme la directrice de l'école secondaire de l'endroit. Tous les enfants ici ont un téléphone sans fil.

Voilà un secteur où «le futur» n'a pas déçu. Internet, les communications par câbles, la fibre optique et la transmission par satellite ont permis à l'humanité de communiquer comme jamais auparavant. Téléviseur, radio, téléavertisseur, ordinateur portable, téléphone sans fil... impossible de nos jours d'être coupé du monde. On le sait: les nouvelles vont vite. Quand un président américain s'étouffe avec un Pretzel, l'humanité retient son souffle jusqu'à ce qu'il sorte de l'hôpital.

On peut d'un autre côté être déçu des grands rêves crevés des générations précédentes qui envisageaient l'avenir avec des espoirs démesurés. Fin de la pauvreté, colonisation de l'espace, guérison du cancer, loisirs permanents; le futur était synonyme de bonheur mur à mur. Le présent déçoit. L'an 2000 n'a pas apporté de grandes révolutions scientifiques. Certains cyniques diront que les plus grandes percées sur la santé humaine remontent à l'instauration de mesures d'hygiène publique. Même la grande aventure génétique n'a apporté jusqu'à maintenant que des outils diagnostiques, sauf de très rares exceptions. On décode mieux l'alphabet du vivant, mais pour guérir, on repassera...

Cela dit, des progrès se sont réalisés presque à notre insu. Les connaissances en nutrition nous ont permis d'améliorer considérablement notre alimentation. Le confort de nos maisons, la diminution du tabagisme et des mesures de promotion de la santé publique ont permis un allongement considérable de l'espérance de vie. Ce n'est pas fini. Les gens doivent encore prendre conscience des bienfaits de l'activité physique, par exemple, et des méfaits des mauvais gras et du sucre.

Quand on zoome dans les universités, laboratoires et centres de recherche, on découvre pourtant des merveilles. Chaque jour, dans tous les pays qui investissent dans la science, un nouvel éclairage est apporté sur un aspect du monde. La connaissance humaine s'additionne des centaines de milliers de petits éclairs qui s'allument quotidiennement. La science fait rêver.

Quand on relira ce livre dans 20 ou 25 ans, certaines appréhensions ou mises en garde paraîtront bien naïves, alors que des phénomènes majeurs auront été négligés.

Cela fait partie du pari. Ce n'est pas pour le public de l'an 2050 qu'il est écrit mais pour nos contemporains.

Ceux-ci ne doivent pas mettre de côté l'imagination. Elle est au service de l'art et de la culture humaine, mais également de la science.

Bibliographie

Henri Atlan, U.A. *Utérus artificiel*, Seuil, 2005.

Céline Lafontaine, *La société post-mortelle*, Seuil, 2008.

Jacques Testart, *Le Magasin des enfants*, ouvrage collectif, Éd. François Bourin, 1990. Rééd. Gallimard coll. Folio, 1994.

Normand Mousseau, *Au bout du pétrole*, MultiMondes, 2008.

Normand Mousseau, *L'avenir du Québec passe par l'indépendance énergétique*, MultiMondes, 2009.

Antoine Robitaille, *Le nouvel homme nouveau*, Boréal, 2007.

Michel Saint-Germain, *L'avenir n'est plus ce qu'il était*, Québec/Amérique, 1993.

Mathieu-Robert Sauvé, *L'Éthique et le fric*, VLB Éditeur, coll. Gestations, 2000.

David Levy, *Love + Sex with Robots* (Harper &Collins, 2007, traduit en français chez Amazon : *Amour et sexualité chez les robots*, 2008.

Hervé Fischer, *CyberProméthée*, VLB Éditeur, coll. Gestations, 2003.

Commission de l'éthique, de la science et de la technologie du Québec, *Avis : Éthique et nanotechnologies : se donner les moyens d'agir*, 2006.

Sites Web

Robots : http://www.world.honda.com/ASIMO/ http :// www.polymtl.ca/labrobot/

« Top 87 Bad Predictions about the Future », http:// www.2spare.com/item_50221.aspx

http://nanoquebec.ca/

http://www.jeuxserieux.fr/

Remerciements

L'inspiration du présent livre est une chronique radiophonique tenue durant la saison 2009-2010 à l'émission *L'après-midi porte conseil* (réalisée par Louise-Renée Bessette) à la Première chaîne de Radio-Canada. La recherchiste Barbara-Judith Caron m'a lancé sur une piste consistant à trouver des sujets où la science pouvait provoquer des changements mesurables dans les 50 ou 100 prochaines années. J'ai hérité du titre de «futurologue en résidence». Je tiens à remercier l'équipe qui m'a fait confiance dans le cadre de cette série, notamment l'animatrice Dominique Poirier.

On peut écouter ces chroniques archivées à l'adresse suivante:

http://www.radio-canada.ca/emissions/
lapres-midi_porte_conseil/2010-2011/

Ma gratitude également à la rédactrice en chef du journal *Forum* de l'Université de Montréal, Paule des Rivières, qui a publié la transcription de certaines chroniques dans le cadre de la Capsule science de l'hebdomadaire durant l'année 2009-2010. On peut consulter les textes à l'adresse suivante: http://www.nouvelles.umontreal.ca/.

Merci au préfacier Pierre Chastenay et à l'équipe des Éditions MultiMondes.

Suivez-nous :

*Réimprimé en juillet deux mille dix-sept
sur les presses de l'imprimerie Marquis-Gagné,
Louiseville, Québec*